Band 18 · März 1982

3

isotopenpraxis

AKADEMIE-VERLAG

ISSN 0021—1915 Isotopenpraxis, Berlin 18 (1982) 3, 81—120

EVP 9,— M 32036

ISOTOPENPRAXIS

herausgegeben von J. Mühlenpfordt, Berlin · C. F. Weiss†, Leipzig

An unsere Autoren

Die Zeitschrift veröffentlicht Beiträge zu folgenden Themen: Kontrolle und Analyse radioaktiver und stabiler Isotope, Anwendung radioaktiver und stabiler Isotope in allen Gebieten der Forschung und Technik der Industrie, Landwirtschaft und Medizin, Herstellung radioaktiver und stabiler Isotope sowie von markierten Verbindungen, kernelektronische Geräte für die Isotopenanwendung (Dickenmesser, Dichtemesser u. ä.) Detektoren für isotopentechnische Arbeiten und den Strahlenschutz in Isotopenlaboratorien, Meßtechnik und Strahlenschutz, Dosimetrie in Isotopenlaboratorien, kerntechnische Geräte für die Isotopenanwendung (Beton, Bestrahlungsanlagen u. ä.), Strahlenchemie, Radiochemie, ökonomische und perspektivische Fragen, Fragen der Weiterbildung.

1. Aufnahme von Manuskripten

Zur Veröffentlichung angenommen werden nur druckreife, noch nicht anderweitig publizierte Beiträge in deutscher, englischer oder russischer Sprache zum Themenbereich der Zeitschrift und zwar

- Originalarbeiten
- Kurze Originalmitteilungen
- Aus der Praxis
- Zusammenfassende Berichte
- Tagungsberichte
- Informationen.

Sind der Beitrag oder Teile daraus bereits veröffentlicht oder ist eine anderweitige Veröffentlichung vorgesehen, so muß dies der Redaktion mit genauer Angabe der Zweitveröffentlichung mitgeteilt werden. Mit der Annahme des Manuskriptes behält sich der Verlag das Recht der Vervielfältigung, Verbreitung und Übersetzung innerhalb der gesetzlichen Schutzfrist vor. Auszugsweiser Nachdruck oder photomechanische u. a. Wiedergabe sind an eine schriftliche Genehmigung des Verlages gebunden. Manuskripte, Zeichnungen und Photos von veröffentlichten Arbeiten werden nur auf den besonderen und bis zum Zeitpunkt der Veröffentlichung mitgeteilten Wunsch des Autors zurückgesandt.

Bei der unverlangten Einreichung von Manuskripten wird empfohlen, eine Befürwortung eines der Herausgeber oder Redaktionsausschußmitglieder beizufügen.

Manuskripte sind einzureichen bei der Redaktion, DDR-1086 Berlin, Leipziger Str. 3–4.

2. Form der Manuskripte

Die Autoren werden gebeten:

2 Manuskripte, eines davon in Original-Maschinenschrift, einseitig und mit 2zeiligem Abstand einzureichen; gut leserliche Photokopien sind zulässig; auf dem 1. Blatt (unter Weglassung der Bezeichnung)

- den Titel der Arbeit
- Vorname-Initialen und Namen sämtlicher Autoren
- gegebenenfalls die Institution, in der sie tätig sind
- eine kurze Zusammenfassung der Arbeit von höchstens 15 Zeilen
- Keywords in alphabetischer Reihenfolge und
- als Fußnote die Anschrift der Institution anzugeben;

wenn möglich auf gesonderten Blättern Namen, Titel der Arbeit und Zusammenfassung in den beiden anderen obengenannten Sprachen 2fach beizufügen;

Literaturhinweise (fortlaufend numeriert), Fußnoten, Tabellen, Abbildungen (in 2–3facher Veröffentlichungsgröße), Abbildungsunterschriften (getrennt von den Abbildungen, mit Zeichenerklärungen, Quellenangaben, falls erforderlich, und gegebenenfalls mit einem Vermerk für besondere Wünsche bezüglich der Abbildungsgröße), private und Dienstanschrift der Verfasser mit akademischen Titeln und ausgeschriebenen Vornamen auf besonderen Blättern ans Ende des Manuskriptes zu stellen;

Wünsche für den Kolumnentitel (Seitenüberschrift) bekanntzugeben;

Absätze durch Einzüge von mindestens 3 Anschlägen kenntlich zu machen; die Maßeinheiten des SI-Systems ("Systéme International") zu verwenden; Korrekturen im Manuskript unmittelbar an der zu korrigierenden Stelle anzubringen;

Formeln deutlich lesbar und möglichst groß einzutragen;

Farbabbildungen und nachträgliche Änderungen oder Ergänzungen in Abbildungen zu vermeiden;

hervorzuhebende Textstellen zu unterstreichen, und zwar halbfetten Satz mit einer geraden schwarzen Linie, kursiven Satz (Schrägschrift) mit einer blauen Wellenlinie (alle Eigennamen). Sperrungen gestrichelt;

besondere Buchstaben durch farbige Unterstreichung zu kennzeichnen, und zwar Formelzeichen in

- Griechisch-Kursiv ($\alpha, \beta, \ldots$) rot,
- Kursiv ($A, B, \ldots$) blau
- halbfetter Kursiv ($\boldsymbol{A}, \boldsymbol{B}, \ldots$) 2 Linien blau (Vektoren),
- halbfetter Grotesk ($\mathbf{A}, \mathbf{B}, \ldots$) 2 Linien violett (Tensoren);

bei Literaturangaben auf Vollständigkeit zu achten. In nachstehender Reihenfolge müssen angegeben sein:

a) bei *Zeitschriften*: Vorname-Initialen und Namen sämtlicher Autoren Titel der Zeitschrift (nach ,,Periodica Chimica" oder möglichst wenig gekürzt), Bandnummer (unterstrichen), Jahreszahl (in Klammern), Heftnummer (nur bei Zeitschriften, die jedes Heft mit S. 1 beginnen) sowie die Seitenzahl, auf der die zitierte Arbeit beginnt.

b) bei *Büchern*: Initialen der Vornamen und Name des Autors (Herausgeber werden durch den Zusatz ,,ed." gekennzeichnet), voll ausgeschriebener Titel des Buches in der Originalsprache, evtl. Bandnummer, voll ausgeschriebener Name des Verlages, Nummer der Auflage (außer der ersten), Erscheinungsort(e), Erscheinungsjahr (hier nicht in Klammern setzen!) und evtl. Kapitelnummer, Seitenzahl u. ä.

c) bei *Sammelbänden, Tagungsberichten*: Es soll zusätzlich der Titel des zitierten Beitrags angegeben werden. Die Seitenzahl muß unbedingt angegeben werden. Aus dem Zitat muß hervorgehen, ob es sich um einen Tagungssammelband oder um einen noch nicht veröffentlichten Vortrag handelt. Zwischen Tagungsort und Erscheinungsort des entsprechenden Tagungsberichts ist zu unterscheiden.

3. Korrekturen

Der Autor erhält zwei Umbruchabzüge, von denen einer möglichst schnell korrigiert an die Redaktion zurückgereicht werden soll. Auf Wunsch des Autors kann die Korrektur auch von der Redaktion gelesen werden.

Durch nachträgliche Manuskriptänderungen verursachte Korrekturkosten gehen, sofern sie 10% der Satzkosten übersteigen zu Lasten des Autors.

Der Autor erhält 50 Sonderdrucke kostenlos. Weitere Sonderdrucke können bis zur Rückgabe der Korrekturabzüge auf Kosten des Autors bei der Redaktion bestellt werden.

Bezugsmöglichkeiten

Bestellungen sind zu richten

- in der DDR an den Postzeitungsvertrieb unter Angabe der Kundennummer des Bestellenden oder an den AKADEMIE-VERLAG, DDR-1086 Berlin, Leipziger Straße 3–4, PF-Nr. 1233
- im sozialistischen Ausland an eine Buchhandlung für fremdsprachige Literatur oder an den zuständigen Postzeitungsvertrieb
- in der BRD und Berlin(West) an eine Buchhandlung oder an die Auslieferungsstelle KUNST UND WISSEN, Erich Bieber OHG, D-7000 Stuttgart 1, Wilhelmstraße 4–6
- in den übrigen westeuropäischen Ländern an eine Buchhandlung oder an die Auslieferungsstelle KUNST UND WISSEN, Erich Bieber GmbH, CH-8008 Zürich, Dufourstraße 51
- im übrigen Ausland an den Internationalen Buch- und Zeitschriftenhandel; den Buchexport, Volkseigener Außenhandelsbetrieb der Deutschen Demokratischen Republik, DDR-7010 Leipzig, Postfach 160; oder an den AKADEMIE-VERLAG, DDR-1086 Berlin, Leipziger Straße 3–4

Zeitschrift ,,Isotopenpraxis"

Herausgeber: Im Auftrag des Akademie-Verlages herausgegeben von Prof. Dr. Justus Mühlenpfordt und Prof. Dr. Carl Friedrich Weiss†
Verlag: Akademie-Verlag, DDR-1086 Berlin, Leipziger Straße 3–4; Fernruf: 2236221 oder 2236229; Telex-Nr.: 114420;
Bank: Staatsbank der DDR, Berlin, Kto.-Nr.: 6836-26-20712
Chefredakteur: Dr. Klaus Uhlig†, Berlin. Verantwortlich für den Inhalt des Heftes: Prof. Dr. H. Hübner, Leipzig
Anschrift der Redaktion (Fernruf Frau H. Schier: 6351177) der Zeitschrift Isotopenpraxis: Akademie-Verlag, DDR-1086 Berlin, Leipziger Str. 3–4, PF-Nr. 1233
Veröffentlicht unter der Lizenznummer 1527 des Presseamtes beim Vorsitzenden des Ministerrates der Deutschen Demokratischen Republik
Gesamtherstellung: VEB Druckerei ,,Thomas Müntzer", DDR-5820 Bad Langensalza
Erscheinungsweise: Die Zeitschrift ,,Isotopenpraxis" erscheint monatlich, Die 12 Hefte eines Jahrganges bilden einen Band. Bezugspreis je Band 180,– M zuzüglich Versandspesen (Preis für die DDR 108,– M) Preis je Heft 15,– (Preis für die DDR 9,– M)
Bestellnummer dieses Heftes: 1079/18/3

AN (EDV) 12831

ISOTOPENPRAXIS

Band 18 (1982) Heft 3, S. 81–120

Redaktion und Verlag: Akademie-Verlag, Redaktion Isotopenpraxis, 1086 Berlin, Leipziger Straße 3–4

Inhaltsverzeichnis

(Fortsetzung des Inhaltsverzeichnisses auf der Rückseite des 2. gelben Blattes)

ISOTOPENPRAXIS

Band 18 (1981) Heft 3, S. 81–120

Redaktion und Verlag: Akademie-Verlag, Redaktion Isotopenpraxis, 1086 Berlin, Leipziger Straße 3–4

Contents

H. Koch

Carl Friedrich Weiss: 28. 1. 1901–28. 10. 1981

Isotopenpraxis 18 (1982) No. 3, S. 81 to 82

Articles

K. Zieger, G. Mueller

Optimatiizon Considerations for the Enrichment of Middle Components by Thermal Diffusion on Applied to ^{85}Kr Part: II Optimal Cascading for the Enrichment of ^{85}Kr

Isotopenpraxis 18 (1982) No. 3, p. 82 to 91
6 Fig., 6 Tab., 1 Ref.

Part II deals with the formulation, further preparation, and approximate solution of cascade optimization problems. As a concrete example the enrichment of the middle component krypton-85 has been chosen, the starting mixture having the typical isotope composition of the fission gas. The treatment of this problem includes the comparison of different variants of cascade connecting and profiling. The solution procedure presented combines analytical and numerical methods with the computer programme developed in part I being used. As the most important practical result we obtained an estimate of minimum expense necessary to realize the separation problem mentioned above.

P. Povinec

Dual Parameter Gamma-Ray Spectrometer for Low-Level Çounting (*in Englisch*)

Isotopenpraxis 18 (1982) No. 3, p. 92 to 95
6 Fig., 1 Tab., 10 Ref.

Characteristics of dual parameter gamma-ray spectrometer used for low-level counting of positron emitters as well as emitters with cascade quanta are discussed. The dual parameter spectrometer described has from 2 to 10 times better sensitivity than single parameter spectrometers. The sensitivity of the spectrometer enables nondestructive measurement of cosmogenic nuclides in extraterrestrial samples, e.g. meteorites to be performed.

B. Lindemann, R. Radmanesh

Distributed Data Processing System for Laboratory Automation with ESER Computer and Several Experiment Computers (*in English*)

Isotopenpraxis 18 (1982) No. 3, p. 96 to 98
– Fig., – Tab., 5 Ref.

Communication between a central computer ROBOTRON ES 1040 and remote experiment computers at the Leipzig Central Institute of Isotope and Radiation Research is presented. It is a multi-user real-time computer network with hierarchical structure.

B. Szabó, P. P. Szabó, S. Makra, J. Vágvölgyi, J. Soós

The TLD-04B-TC Thermoluminescent Reader for Research and Routine Dosimetry Applications (*in English*)

Isotopenpraxis 18 (1982) No. 3, p. 98 to 102
9 Fig., – Tab., 8 Ref.

A versatile TLD reader built from integrated circuits is described. The changeable heating drawers make it possible to evaluate a wide variety of TL materials with high precision. The reader's high sensitivity makes it especially useful for environmental and personnel monitoring; its

Содержание

Х. Кох

Карль фридрих Вайсс: 24/1, 1901 г. до 28/X, 1981 г.

Isotopenpraxis 18 (1982) вып. 3, стр. 81 до 82

Статьи

К. Цигер, Г. Мюллер

Об оптимизации процесса обогащения средних компонентов методом термодиффузии, изложенной на примере криптона-85
Часть II: Оптимальное каскадирование в связи с обогащением криптона-85

Isotopenpraxis 18 (1982) вып. 3, стр. 82 до 91
6 рис., 6 табл., 1 лит.

В Части II рассматриваются процессы формулирования, дальнейшей обработки и приближенного решения проблем оптимизации каскадов на примере конкретной задачи разделения, относящейся к обогащению путем термодиффузии криптона-85 в качестве среднего компонента, полученного из криптона деления. При этом, выполняется также сопоставление различных вариантов соединения и профилирования. Представленные способы решения основываются на комбинации аналитических и численных методов, причем для расчетного определения профиля концентрации используется представленная в Части I программа для ЭВМ. Наиболее важным практическим результатом является оценка минимальных затрат по осуществлению данной задачи разделения.

П. Повинец

Двупараметровый гамма-спектрометр для измерения низких радиоактивностей (*на англ. языке*)

Isotopenpraxis 18 (1982) вып. 3, стр. 92 до 95
6 рис., 1 табл., 10 лит.

Дискутируются характеристики двупараметрового гамма-спектрометра для измерения низких радиоактивностей позитронных и каскадных гамма-излучателей. Чувствительность описанного двупараметрового спектрометра на 2–10 раз лучше чем однопараметрового спектрометра. Чувствительность спектрометра позволяет проводить недеструктивные измерения космогенных нуклидов в внеземных объектах, напр. в метеоритах.

Б. Линдеманн, Р. Радманеж

Распределенная система обработки данных для автоматизации лабораторий с помощью ЭВМ УСЭВ и различных экспериментальных ЭВМ (*на англ. языке*)

Isotopenpraxis 18 (1982) вып. 3, стр. 96 до 98
– рис., – табл., 5 лит.

Дистанционная обработка данных, выполняемая центральной ЭВМ типа РОБОТРОН ЭС 1040 и отдаленной экспериментальной ЭВМ ЦИИРТ в г, Лейпциге, представляется. Для этой цели была разработана назначенная для некоторых потребителей система для вычисления в истинном масштабе времени, имеющая иерархическую структуру.

Б. Сабо, П. П. Сабо, С. Макра, И. Водьведьи, И. Шошь

Термолюминесцентный дозиметр типа TLD–04B–TC для исследовательских работ и для текущей дозиметрии (*на англ. языке*)

Isotopenpraxis 18 (1982) вып. 3, стр. 98 до 102
9 рис., – табл., 8 лит.

Описывается многоцелевой дозиметр типа TLD, составленный из совмещенных схем. Заменяемые блоки нагревания позволяют

Akademiemitglied Carl Friedrich Weiss
24. 1. 1901 — 28. 10. 1981

Am 28. 10. 81 ist der langjährige Herausgeber der Isotopenpraxis Akademiemitglied *C. F. Weiss* nach einem wissenschaftlich sehr erfolgreichen und erfüllten Leben in Leipzig gestorben. Er wurde am 24. Januar 1901 als Sohn eines Kaufmanns in Leipzig geboren. Dort besuchte er die Grund- und Oberschule bis zum Abitur und studierte danach an der Universität Breslau Physik. 1928 schloß er mit einer Promotionsarbeit auf dem Gebiet der Atomspektroskopie sein Studium (mit summa cum laude) ab. Von 1929—1931 war er als Oberassistent bei Professor *Bothe* am Physikalischen Institut der Universität Gießen tätig.

Nach dem Studium und einer kurzen Assistentenzeit waren es drei Abschnitte, die das Leben des Physikers *C. F. Weiss* geprägt haben. Da war zunächst seine Tätigkeit ab 1931 in der physikalisch-technischen Reichsanstalt in Berlin. Er arbeitete dort bis zum Ende des 2. Weltkrieges und war zuletzt Oberregierungsrat und Dienststellenleiter.

In dieser Zeit befaßte er sich mit der radiochemischen Abtrennung natürlich vorkommender Radioelemente, der Herstellung spezieller Meßpräparate und der Metrologie radioaktiver Strahler. Insbesondere galt sein Interesse dem Radium und dessen Folgeprodukten. So hat er z. B. aus mehreren Tonnen Rückstand aus der Bleiproduktion durch fraktionierte Kristallisation hochaktive und wertvolle Radium-D (^{210}Pb)-Präparate gewonnen und daraus absolut graduierte Standard-Präparate hergestellt.

Trotz vieler unterschiedlicher Aufgaben, die *C. F. Weiss* im Laufe der Jahre zu absolvieren hatte, ist sein Interesse an Problemen der Metrologie, der Herstellung radioaktiver Standards immer lebendig geblieben und hat sein Wirken bestimmt.

1946 ging *C. F. Weiss* als Spezialist in die Sowjetunion, dort arbeitete er, in der Nähe von Moskau, vorwiegend an radiochemischen und metrologischen Problemen.

Nach seiner Rückkehr (1956) entschied er sich, mit seiner Familie in der DDR zu bleiben und erhielt die Möglichkeit, die Isotopenforschung und -anwendung im Raum Leipzig zu organisieren und aufzubauen und ein entsprechendes Forschungsinstitut — damals vom Ministerium für Chemie — zu planen und zu bauen. Bis dahin lagen in der DDR keine Erfahrungen über den Aufbau und die Ausrüstung von Isotopenlabors und „heißen" Einrichtungen vor. Auch geeignete Mitarbeiter mußten erst ausgesucht und ausgebildet werden.

Dank seines reichhaltigen Wissens konnte *C. F. Weiss* diese Schwierigkeiten schnell überwinden. Bereits 1959 wurde das neue Institutionsgebäude bezogen.

In der wissenschaftlichen Arbeit wurde der Anschluß an den internationalen Stand bald erreicht und das Institut national und international bekannt und anerkannt.

Diese letzte Schaffensperiode war wohl die erfolgreichste seiner gesamten Laufbahn. Hier konnte *C. F. Weiss* seine großen Erfahrungen sowohl an junge Studenten der Karl-Marx-Universität Leipzig, wie auch an junge Wissenschaftler seines eigenen Institutes und an Mitarbeiter aus der Industrie weitergeben.

Gemäß seines Auftrages und seiner Grundeinstellung betrachtete *C. F. Weiss* die wissenschaftliche Forschung nicht als eine akademische Beschäftigung zur Vermehrung des abstrakten Wissens, mit dem man Zeitschriften und Bücher füllt. Es war immer sein Ziel, mit den Mitteln und Möglichkeiten der Isotopenforschung an den Schwerpunkten der Volkswirtschaft mitzuarbeiten. Dabei war es oberstes Gesetz, nicht nur neue Methoden zu entwickeln, sondern diese in die gesellschaftliche Praxis zu überführen. Das beste wissenschaftliche Ergebnis bleibt so lange ohne Nutzeffekt, solange es nicht gelingt, dieses in der gesellschaftlichen Praxis, d. h. in den entsprechenden Bereichen der Volkswirtschaft anzuwenden. Demzufolge entstanden — was damals durchaus nicht selbstverständlich war — enge Kooperationsbeziehungen, insbesondere zu den Werken und Kombinaten der chemischen Industrie, der ja das Institut anfangs angehörte.

C. F. Weiss ist Autor bzw. Mitautor von Fachbüchern und zahlreichen wissenschaftlichen Veröffentlichungen, von denen die Monographie „Radioaktive Standardpräparate" noch heute das Standardwerk und einzige dieser Art auf der Welt ist.

C. F. Weiss habilitierte sich 1956 an der Karl-Marx-Universität in Leipzig und wurde dort im gleichen Jahr zum Professor mit vollem Lehrauftrag berufen. Damit erfüllte sich auch ein alter Wunsch, in der Lehre tätig zu sein und seine Erfahrungen an junge Wissenschaftler weitergeben zu können. 1958 erhielt er den Nationalpreis II. Klasse. Er wurde 1961 zum korrespondierenden Mitglied und 1964 zum ordentlichen Mitglied der AdW der DDR berufen. Im gleichen Jahr erhielt er die Verdienst-Medaille der DDR.

Hier ist es kaum möglich, die gesamte Persönlichkeit *C. F. Weiss* zu beschreiben oder gar zu würdigen. Neben der rein fachlichen Arbeit war es eine seiner wichtigsten Anliegen, eine Arbeitsatmosphäre des persönlichen Vertrauens und der Geborgenheit zu schaffen. Er hatte immer ein offenes Ohr für die privaten Nöte und Sorgen seiner Mitarbeiter und hat auch in diesem Bereich helfen können.

Das bestimmende Element im Leben von Herrn *Weiss* war zweifellos seine Wissenschaft, doch sein Bild bliebe unvollständig, wenn man seine vielseitigen anderen Interessen nicht erwähnen würde. Da ist zuerst die Liebe zur Musik zu nennen. Er pflegte besonders die klassische Musik und spielte viele Jahre zur eigenen Erbauung und zur Freude seiner Familie als Cellist in einem Streichquartett. Die Musik war ihm nicht nur musische Beschäftigung, sondern sie hat ihm auch über manche schwere Stunde hinweggeholfen. Sein Verhältnis zu modernen Schriftstellern und Architekten war ebenso intensiv wie zur zeitgenössischen Malerei. Im kleinen Kreis konnte man mit ihm über Bert Heller ebenso lebhaft diskutieren, wie über philosophische oder medizinische Probleme.

C. F. konnte seine Mitarbeiter stets anregen und begeistern. Er war der Nestor der Radioaktivität in der DDR, der „Vater" eines Institutenkollektivs, dem eine gute Arbeitsatmosphäre stets am Herzen lag.

Immer als Vorbild wirkend, hat er seine Mitarbeiter gefordert und gefördert. Er hat eine große Zahl von Schülern, die heute in der Lehre, Forschung oder Industrie verantwortungsvolle Arbeit leisten, herangebildet und geformt.

Noch als Emeritus in seinem geliebten Thüringer Bechstedt, das ihm zur zweiten Heimat wurde, pflegte er ständigen Kontakt mit den aktuellen Problemen seines Wissensgebietes und konnte sich immer wieder für neue Ideen und neue Ergebnisse begeistern.

C. F. Weiss war ein außergewöhnlicher Mensch, alle die ihn kannten, seine Freunde, Schüler und Mitarbeiter, werden ihn nicht vergessen.

H. Koch

Eingegangen am 25. 11. 1981

Originalarbeiten

Optimierungsbetrachtungen zur Anreicherung von Mittelkomponenten durch Thermodiffusion am Beispiel von Krypton-85

Teil II: Optimale Kaskadierung bei der Anreicherung von Krypton-85

K. Zieger, G. Müller

(Zentralinstitut für Isotopen- und Strahlenforschung, AdW der DDR)[1]

Tei II behandelt die Formulierung, weitere Aufbereitung und näherungsweise Lösung von Kaskadenoptimierungsproblemen am Beispiel einer konkreten Trennaufgabe, die sich auf die Anreicherung der Mittelkomponente ^{85}Kr aus Spaltkrypton mittels Thermodiffusion bezieht. Dabei ist der Vergleich von verschiedenen Verknüpfungs- und Profilierungsvarianten eingeschlossen. Das vorgestellte Lösungsverfahren beruht auf einer Kombination von analytischen und numerischen Methoden, wobei das in Teil I bereitgestellte Computerprogramm zur Berechnung des Konzentrationsprofils herangezogen wird. Als praktisch wichtigstes Resultat erhält man eine Abschätzung des Mindestaufwands zur Realisierung der genannten Trennaufgabe.

Keywords

isotope separation; krypton 85; krypton isotopes; mathematical models; optimization; separation cascades; thermal diffusion

1. Formulierung und Aufbereitung der Optimierungsaufgabe

Während im Teil I dieser Publikation die Berechnung des stationären Konzentrationsprofils einer Thermodiffusionskaskade unter ziemlich allgemeinen Bedingungen realisiert werden konnte, orientieren wir uns bei der Optimierung an einem speziellen Beispiel.

1.1. *Trennaufgabe*

Die Trennaufgabe beinhaltet die Anreicherung der Mittelkomponente ^{85}Kr in einem Gemisch von 7 Kr-Isotopen. Bei kontinuierlicher Betriebsweise läuft das Problem auf eine Aufspaltung des Eingabestroms in (mindestens) zwei Teilströme hinaus: in den an ^{85}Kr angereicherten Produktstrom und den abgereicherten Abfallstrom. Zur quantitativen Beschreibung verwenden wir

a^i Massenzahl der i-ten Komponente
s_0 Eingabestrom
x_0^i Eingabekonzentration der i-ten Komponente
s_I Produktstrom
x_I^i Produktkonzentration der i-ten Komponente
s_{II} Abfallstrom
x_{II}^i Abfallkonzentration der i-ten Komponente.

Die Massenzahlen und die Eingabekonzentrationen liegen fest (Tab. 1). Den Eingabestrom denken wir uns ebenfalls vorgeschrieben, doch brauchen wir ihn nicht zu spezifizieren.

Tab. 1. Spaltkrypton

i	1	2	3	4	5	6	7
a^i	78	80	82	83	84	85	86
x_0^i	0,0003	0,0042	0,0217	0,1351	0,3273	0,0506	0,4608

a^i Massenzahl, x_0^i Eingabekonzentration } der i-ten Komponente

Im Anschluß an diese Vorgaben umfaßt die Trennaufgabe die folgenden Forderungen:

$$x_I^6 \geqq 0{,}500; \qquad x_{II}^6 \leqq 0{,}005 \tag{1}$$

Die erste sichert die gewünschte Anreicherung im Produkt; die zweite hält die Verluste bezüglich der interessierenden Komponente im Abfall in Grenzen und garantiert damit eine befriedigende Ausnutzung des Einsatzgemischs.

Die genannten Forderungen sollen — allgemein gesagt — mit minimalem Aufwand realisiert werden. Eine derartige Optimierungsaufgabe schließt normalerweise ein, daß die Konzentrationen x_I^6 und x_{II}^6 gerade die zulässigen Grenzwerte annehmen:

$$x_I^6 = 0{,}500; \qquad x_{II}^6 = 0{,}005 \tag{2}$$

Folglich kann die Trennaufgabe von vornherein in dieser Weise verschärft werden.

Die Ströme und Konzentrationen sind durch die globale Materialbilanz miteinander verknüpft:

$$\left.\begin{aligned} s_I + s_{II} &= s_0 \\ s_I x_I^i + s_{II} x_{II}^i &= s_0 x_0^i \end{aligned}\right\} \tag{3}$$

[1]) Anschrift: 7050 Leipzig, Permoserstr. 15

Hieraus folgt

$$\frac{s_I}{s_0} = \frac{x_0^i - x_{II}^i}{x_I^i - x_{II}^i}, \qquad \frac{s_{II}}{s_0} = \frac{x_I^i - x_0^i}{x_I^i - x_{II}^i} \tag{4}$$

und speziell für i = 6

$$\frac{s_I}{s_0} = 0{,}092\,, \qquad \frac{s_{II}}{s_0} = 0{,}908 \tag{5}$$

Damit ist also auch die Aufteilung des Eingabestroms in den Produkt- und Abfallstrom festgelegt.

1.2. *Kaskadierungsstrategie*

Der Aufbau einer Kaskade zur Realisierung der Trennaufgabe soll unter Verwendung von einheitlichem Trennrohr erfolgen, welches durch die Transportparameter $p = P(\boldsymbol{r})$, $q = Q(\boldsymbol{r})$ in Abhängigkeit von den Trennrohrvariablen $\boldsymbol{r} \in \boldsymbol{R}$ charakterisiert wird. Die einzelnen Säulen werden zu Stufen und diese weiter zu stufenförmigen Kolonnen zusammengesetzt. Dabei sei

n_l Anzahl der Stufen der l-ten Kolonne
h_{kl} Höhe } der k-ten Stufe
z_{kl} Anzahl der Säulen } der l-ten Kolonne.

Bei der Verknüpfung der Kolonnen zur Kaskade diskutieren wir zwei Varianten.

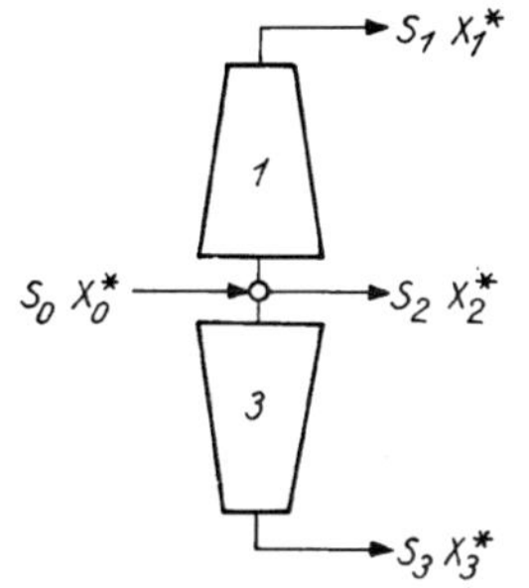

Abb. 1. Kaskadenschema bei der Einschrittstrategie
s_0 Eingabestrom; x_0^* Eingabekonzentrationen; s_l Entnahmestrom; x_l^* Entnahmekonzentrationen (l = 1, 2, 3)

1) Einschrittstrategie (Abb. 1). Diese Variante stellt den Versuch dar, mit 2 Kolonnen auszukommen, die zu einer Kaskade vom Standardtyp mit 3 Ausgängen gekoppelt werden. Der Produktstrom mit der angereicherten Mittelkomponente 6 soll an der Zwischenstelle abgezogen werden, wo auch die Einspeisung erfolgt. Der Abfallstrom verteilt sich auf beide Enden. Am oberen Ende erscheinen überwiegend die Komponenten 1 ... 5 und am unteren Ende die Komponente 7.

Bezüglich der Verknüpfung zwischen den beiden Kolonnen wird dabei unterstellt, daß die inneren Konzentrationen an der Zwischenstelle stetig verlaufen und dort den Entnahmekonzentrationen entsprechen. Das hat zwangsläufig eine beträchtliche parasitäre Vermischung bei der Einspeisung zur Folge. Dieses Handikap vermindert von vornherein die Chancen dieser Variante, doch war uns an einem quantitativen Vergleich gelegen.

2) Zweischrittstrategie (Abb. 2). Hierbei werden 4 Kolonnen benötigt, die man zu 2 Standardkaskaden kombiniert. In der ersten Standardkaskade werden die Komponenten 1 ... 5 zum überwiegenden Teil nach oben abgezogen. Das unten austretende quasibinäre Gemisch der Komponenten 6 und 7 wird in die zweite Standardkaskade eingespeist und dort weiter aufgetrennt. Die Gesamtanlage verfügt damit über einen internen und 3 externe Ausgänge.

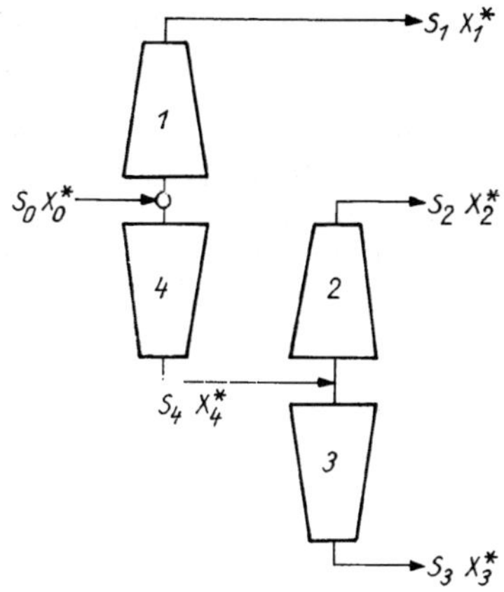

Abb. 2. Kaskadenschema bei der Zweischrittstrategie
s_0 Eingabestrom; x_0^* Eingabekonzentrationen; s_l Entnahmestrom; x_l^* Entnahmekonzentrationen (l = 1, 2, 3, 4)

Diese Variante bietet mehr Möglichkeiten, parasitäre Effekte an den Zwischenstellen einzuschränken und erscheint deshalb als favorisiert.

In den Schaltbildern sind die Größen

s_l Entnahmestrom } am l-ten Ausgang
x_l^* Konzentrationen } l = 1, 2, 3 (4)

neu eingeführt worden. Sie stehen mit den entsprechenden Produkt- und Abfallwerten im folgenden Zusammenhang:

$$\left.\begin{aligned} s_I &= s_2, \qquad & s_{II} &= s_1 + s_3 \\ x_I^i &= x_2^i, \qquad & x_{II}^i &= \frac{s_1 x_1^i + s_3 x_3^i}{s_1 + s_3} \end{aligned}\right\} \tag{6}$$

Nach Festlegung der Kaskadierungsparameter s_*, n_*, h_{**}, z_{**} kann das Konzentrationsprofil vorausberechnet werden. Die entsprechenden Bestimmungsgleichungen für die Standardkaskade sind im Teil I zusammengestellt worden. Die Einschrittstrategie wird damit unmittelbar erfaßt. Die Zweischrittstrategie kann auf die sukzessive Durchrechnung der beiden Standardkaskaden zurückgeführt werden.

Anstelle der technischen Einflußfaktoren verwenden wir besser die zugehörigen normierten Werte (Teil I, Abschnitte 2.5., 2.6.)

σ_l Relativentnahme am l-ten Ausgang
$\bar{\mu}_l$ Trennstufenzahl } der l-ten Kolonne.
$\zeta_l(*)$ Relativprofil }

Als Bezugsstrom $\mathring{s}$ wählen wir dabei einheitlich für alle Kolonnen den Eingabestrom s_0. Das Relativprofil stellt eine Treppenfunktion mit dem Elementarschritt

$$\tau = T(\boldsymbol{r}) = \frac{Q(\boldsymbol{r})}{s_0} \tag{7}$$

dar, symbolisch ausgedrückt

$$\zeta_l(*) \in K(\bar{\mu}_l, \tau) \tag{8}$$

Den Einfluß der normierten Kaskadierungsparameter auf das Konzentrationsprofil, speziell auf die Produkt- und Abfallkonzentrationen, bringen wir durch die Schreibweise

$$x_I^i = X_I^i(\sigma_*, \bar{\mu}_*, \zeta_*(*))\,, \qquad x_{II}^i = X_{II}^i(\sigma_*, \bar{\mu}_*, \zeta_*(*))$$

zum Ausdruck.

1.3. *Minimierungsaufgabe*

Wir verzichten an dieser Stelle auf eine konkrete Analyse des Aufwands, der für die Realisierung der Trennaufgabe erforderlich ist, und begnügen uns mit der formalen Einführung einer Aufwandsfunktion, für die wir gewisse Eigenschaften postulieren.

In diesem Sinne gehen wir von der Annahme aus, daß der Aufwand proportional ist der Länge an Trennrohr, die zum Aufbau der Kaskade benötigt wird. Das trifft insbesondere für die Heizleistung als dominierende Aufwandskomponente zu. Es wird also unterstellt, daß man neben

w Gesamtaufwand
t Gesamtlänge an Trennrohr

auch noch

$u = U(\boldsymbol{r})$ spezifischer Aufwand (Aufwand je Längeneinheit des Trennrohrs)

definieren kann, wobei der letztere ebenso wie p und q nur von den Trennrohrvariablen $\boldsymbol{r}$ abhängen soll. Daraus folgt dann die Aufgliederung

$$w = u\,t \tag{9}$$

mit

$$t = \sum_l \sum_{k=1}^{n_l} z_{kl} h_{kl} \tag{10}$$

Im Anschluß hieran kann man die Optimierungsaufgabe wie folgt formulieren:

$$\left.\begin{array}{l} w \Rightarrow \min! \\ x_{\mathrm{I}}^6 = 0{,}500\,, \quad x_{\mathrm{II}}^6 = 0{,}005 \end{array}\right\} \tag{11}$$

Dabei stehen uns primär die folgenden Einflußfaktoren zur Verfügung:

1) die lokalen Trennrohrvariablen

$$\boldsymbol{r} \in \boldsymbol{R}$$

2) die globalen Kaskadenvariablen

$$\begin{array}{lll} s_l > 0, \text{ Realzahl}, & s_+ = s_0; & l = 1, 2, 3 \\ n_l > 0, \text{ Ganzzahl} & & \\ h_{kl} > 0, \text{ Realzahl} & & k = 1, \ldots, n_l \\ z_{kl} > 0, \text{ Ganzzahl} & & l = 1, 3\ (2, 4). \end{array}$$

Die Ersetzung der letzteren durch die relativen Einflußgrößen

$$\begin{array}{ll} \sigma_l > 0, \text{ Realzahl}, \ \sigma_+ = 1; & l = 1, 2, 3 \\ \bar{\mu}_l > 0, \text{ Realzahl} & \\ \zeta_l(*) \in K(\bar{\mu}_l, T(\boldsymbol{r})), \text{ Treppenfunktion} & l = 1, 3(2, 4) \end{array}$$

kann als Variablentransformation aufgefaßt werden. Die Umstellung der Zielfunktion auf die normierten Kaskadenvariablen liefert

$$w = s_0 V(\boldsymbol{r})\, \bar{\Omega}(\bar{\mu}_*, \zeta_*(*)) \tag{12}$$

mit

$$V(\boldsymbol{r}) = \frac{U(\boldsymbol{r})\, P(\boldsymbol{r})}{Q(\boldsymbol{r})} \tag{13}$$

und

$$\bar{\Omega}(\bar{\mu}_*, \zeta_*(*)) = \sum_l \int_0^{\bar{\mu}_l} \zeta_l(\nu)\, d\nu \tag{14}$$

Die Faktoren, die sich hierbei neu ergeben, belegen wir mit der Bezeichnung

$v = V(\boldsymbol{r})$ Aufwandsfaktor des Trennrohrs
$\bar{\omega} = \bar{\Omega}(\bar{\mu}_*, \zeta_*(*))$ normierter Kaskadierungsaufwand.

Damit erhält die Optimierungsaufgabe die Gestalt

$$\left.\begin{array}{l} V(\boldsymbol{r})\, \bar{\Omega}(\bar{\mu}_*, \zeta_*(*)) \Rightarrow \text{Min!} \\ X_{\mathrm{I}}^6(\sigma_*, \bar{\mu}_*, \zeta_*(*)) = 0{,}500; \\ X_{\mathrm{II}}^6(\sigma_*, \bar{\mu}_*, \zeta_*(*)) = 0{,}005 \\ \boldsymbol{r} \in \boldsymbol{R}, \quad \zeta_l(*) \in K(\bar{\mu}_l, T(\boldsymbol{r})) \end{array}\right\} \tag{15}$$

1.4. *Näherungsweise Separation*

Die transformierte Optimierungsaufgabe weist eine weitgehende Entflechtung zwischen den Trennrohrvariablen und den normierten Kaskadenvariablen auf. Die strenge Separation des Problems scheitert nur daran, daß der Elementarschritt τ der Treppenfunktion $\zeta_l(*)$ von $\boldsymbol{r}$ abhängt. Wenn wir vorerst von derartigen Einschränkungen absehen und für das Relativprofil $\zeta_l(*)$ allgemein stückweise stetige Funktionen zulassen, so zerfällt das Optimierungsproblem in zwei Teilaufgaben:

1) Trennrohroptimierung

$$\left.\begin{array}{l} V(\boldsymbol{r}) \Rightarrow \text{Min!} \\ \boldsymbol{r} \in \boldsymbol{R} \end{array}\right\} \tag{16}$$

2) Kaskadenoptimierung in normierten Variablen

$$\left.\begin{array}{l} \bar{\Omega}(\bar{\mu}_*, \zeta_*(*)) \Rightarrow \text{Min!} \\ X_{\mathrm{I}}^6(\sigma_*, \bar{\mu}_*, \zeta_*(*)) = 0{,}500; \\ X_{\mathrm{II}}^6(\sigma_*, \bar{\mu}_*, \zeta_*(*)) = 0{,}005 \\ \zeta_l(*) \in K(\bar{\mu}_l, 0) \end{array}\right\} \tag{17}$$

Unter gewissen Voraussetzungen erhält man auf diese Weise eine ausreichende Näherung des strengen Problems. Insbesondere läßt sich zeigen, daß die Näherung um so besser ausfällt, je höher man die geforderte Mengenleistung s_0 der Anlage ansetzt. Das hängt damit zusammen, daß durch Vergrößerung von s_0 der Elementarschritt τ des Relativprofils $\zeta_l(*)$ beliebig weit herabgesetzt werden kann.

2. Kaskadenoptimierung in normierten Variablen

Die Trennrohroptimierung bleibt außerhalb der vorliegenden Untersuchungen. Wir konzentrieren uns also im weiteren Verlauf auf die Kaskadenoptimierung in normierten Variablen.

2.1. *Lösungskonzeption*

Ein rein numerisches Optimierungsverfahren unter Einbeziehung des vorhandenen Programms für die Berechnung des Konzentrationsprofils ist zwar denkbar, doch würde dabei der Rechenaufwand auf Grund der Vielzahl der Einflußfaktoren unvertretbar hoch ausfallen. Wir versuchen deshalb, uns zunächst mit Hilfe analytischer Approximationen in die Nähe des Optimums vorzutasten, um daran anschließend eine numerische Korrektur vorzunehmen.

Im Rahmen dieser Konzeption beziehen wir zwei Grenzfälle der Kolonnenprofilierung in die Diskussion ein:

1) Alle beteiligten Kolonnen haben ein rechteckiges Profil;
2) Alle beteiligten Kolonnen haben ein kontinuierliches Profil.

Es liegt auf der Hand, daß das absolute Optimum im zweiten Fall erreicht wird. Doch sind wir auch an einer quantitativen Beurteilung des Staffelungseffekts interessiert.

2.2. *Zusammenfassung von Komponenten*

Bei der Beschreibung eines Vielkomponentengemisches im Trennrohr genügt oft die Kenntnis bestimmter Gruppenkonzentrationen. Wir erklären allgemein die Aufteilung von m Komponenten auf $\bar{m}$ Gruppen. Hierzu zerlegen wir die Zahlenmenge $\{1, 2, \ldots, m\}$ in Teilmengen $J(i)$, wobei wir $J(i)$ als Indikator der i-ten Gruppe bezeichnen ($i = 1, \ldots, \bar{m}$).

Falls dann x^* die komponentenweise Verteilung in einem Gemisch beschreibt, so berechnet sich die zugehörige gruppenweise Verteilung $\bar{x}^*$ zu

$$\bar{x}^i = \sum_{j \in J(i)} x^j; \qquad i = 1, \dots, \overline{m} \tag{18}$$

Man kann nun für die gruppenweise Verteilung Transportgleichungen ableiten, die denen für die komponentenweise Verteilung formal analog sind, wobei nur die Komponentengewichte c^i zu ersetzen sind durch die Gruppengewichte

$$\bar{c}^i = \frac{\sum_{j \in J(i)} c^j x^j}{\bar{x}^i} \tag{19}$$

Während aber die Komponentengewichte konzentrationsunabhängige Stoffwerte sind, ändern sich die Gruppengewichte mit der Zusammensetzung des Gemischs und folglich auch längs der Kaskade. Die exakte Angabe der Gruppengewichte setzt also im Grunde genommen die Kenntnis des komponentenweisen Konzentrationsprofils voraus. Falls aber die Gruppengewichte als näherungsweise konstant angesehen und von vornherein abgeschätzt werden können, so hat man die Möglichkeit, unmittelbar mit der gruppenweisen Verteilung zu arbeiten unter Umgehung der komponentenweisen Verteilung.

2.3. *Teiloptimierung einer Kolonne mit binärem Gemisch*

Wir greifen eine der Kolonnen unserer Kaskade heraus und denken uns diese mit einem binären Gemisch betrieben. Dann kann man sich auf die Beschreibung einer der beiden Komponenten beschränken. Die ausgewählte Komponente wollen wir als Leitkomponente bezeichnen. Für diese seien

$x(\nu)$ laufende Konzentration längs der Kolonne
$\check{x}$ Konzentration am Kolonneneingang
$\hat{x}$ Konzentration am Kolonnenausgang.

Die Auswahl der Leitkomponente kann stets so vorgenommen werden, daß

$$x < \hat{x}$$

gilt. Ferner führen wir die Stoffkonstante

$$d = |c^1 - c^2| \quad \text{Trennfaktor}$$

neu ein. Mit den normierten Kolonnenparametern (Teil I, Abschnitte 2.5., 2.6.)

$\bar{\sigma}$ Relativdurchsatz
$\bar{\mu}$ Trennstufenzahl
$\zeta(*)$ Relativprofil

gelten dann die Gleichungen

$$\left.\begin{aligned} 0 \leqq \nu \leqq \bar{\mu}: \quad & \frac{dx}{d\nu} = dx(1-x) - \frac{\bar{\sigma}}{\zeta(\nu)}(\hat{x} - x) \\ \nu = 0: \quad & x = \check{x} \\ \nu = \bar{\mu}: \quad & x = \hat{x} \end{aligned}\right\} \tag{20}$$

Es seien nun neben den Parametern d, $\bar{\sigma}$, $\zeta(*)$ noch die beiden Randkonzentrationen $\check{x}, \hat{x}$ vorgegeben. Dann kann man in der Regel (bei nicht zu hoher Belastung) die zugehörige Trennstufenzahl $\bar{\mu}$ ermitteln, die zur Einhaltung dieser Konzentrationen erforderlich ist; formal ausgedrückt

$$\bar{\mu} = \overline{M}(\check{x}, \hat{x}, \bar{\sigma}, \zeta(*); d) \tag{21}$$

Im Anschluß daran erscheint auch der normierte Aufwand

$$\omega = \int_0^{\bar{\mu}} \zeta(\nu)\, d\nu \tag{22}$$

als Funktion der obigen Vorgabewerte:

$$\omega = \Omega(\check{x}, \hat{x}, \bar{\sigma}, \zeta(*); d) \tag{23}$$

Betrachtet man die Zielfunktion Ω bei fixierten Werten von $\check{x}, \hat{x}, \bar{\sigma}, d$ in Abhängigkeit von der Einflußfunktion $\zeta(*)$ über einer bestimmten Funktionsklasse K, so zeigt sich normalerweise ein relatives Minimum. Die partielle Minimierungsaufgabe

$$\left.\begin{aligned} & \Omega(\check{x}, \hat{x}, \bar{\sigma}, \zeta(*); d) \Rightarrow \text{Min !} \\ & \check{x}, \hat{x}, \bar{\sigma}, d \text{ fest}; \qquad \zeta(*) \in K \end{aligned}\right\} \tag{24}$$

besitzt also eine Lösung, wobei wir die optimale Einflußfunktion mit

$$\zeta'(\nu) = Z'(\check{x}, \hat{x}, \bar{\sigma}; d)\,(\nu) \tag{25}$$

bezeichnen wollen.

Im Anschluß hieran können wir die zugehörigen Werte von $\bar{\mu}$ und ω ermitteln, indem wir in (21) und (23) für $\zeta(*)$ die spezielle Funktion $\zeta'(*)$ einsetzen; dafür schreiben wir

$$\bar{\mu}' = \overline{M}'(\check{x}, \hat{x}, \bar{\sigma}; d), \qquad \omega' = \Omega'(\check{x}, \hat{x}, \bar{\sigma}; d) \tag{26}$$

Die so vorgezeichnete Teiloptimierung wurde für zwei verschiedene Funktionsklassen mit analytischen Methoden in Angriff genommen: für die Klasse aller konstanten und für die Klasse aller stetigen Funktionen. Für die erste Variante, die der rechteckigen Kolonne entspricht, konnten nur Näherungslösungen erzielt werden. Im zweiten Fall, d. h. für die kontinuierliche Kolonne, existiert eine exakte Lösung, die mit der sogenannten idealen Kaskade der Trenntheorie korrespondiert.

Unter Einführung des Anreicherungsfaktors

$$\chi = \frac{\hat{x}(1 - \check{x})}{\check{x}(1 - \hat{x})} \tag{27}$$

verwenden wir die nachstehenden Darstellungen:

1) rechteckige Kolonne bei $\check{x} \ll \hat{x}$

$$Z'(\check{x}, \hat{x}, \bar{\sigma}; d) = \frac{\bar{\sigma}}{d} \frac{\hat{x}}{\check{x}} \left(1 + \frac{1}{\ln \chi}\right) \tag{28}$$

$$\overline{M}'(\check{x}, \hat{x}, \bar{\sigma}; d) = \frac{1}{d} \ln\left(\chi(1 + \ln \chi)\right) \tag{29}$$

$$\Omega'(\check{x}, \hat{x}, \bar{\sigma}; d) = \frac{\bar{\sigma}}{d^2} \frac{\hat{x}}{\check{x}} \left(1 + \frac{1}{\ln \chi}\right) \ln\left(\chi(1 + \ln \chi)\right) \tag{30}$$

2) kontinuierliche Kolonne

$$Z'(\check{x}, \hat{x}, \bar{\sigma}; d)\,(\nu) = \frac{2\bar{\sigma}}{d}(1 - \hat{x})\left(\chi - \exp\frac{d\nu}{2}\right) \times \left(\frac{\check{x}}{1 - \check{x}} + \exp\left(-\frac{d\nu}{2}\right)\right) \tag{31}$$

$$\overline{M}'(\check{x}, \hat{x}, \bar{\sigma}; d) = \frac{2}{d} \ln \chi \tag{32}$$

$$\Omega'(\check{x}, \hat{x}, \bar{\sigma}; d) = \frac{4\bar{\sigma}}{d^2}\left((2\hat{x} - 1)\ln \chi + \frac{(\hat{x} - \check{x})(1 - 2\check{x})}{\check{x}(1 - \check{x})}\right) \tag{33}$$

2.4. *Aufbereitung der Nebenbedingungen*

Mit dem Ziel einer weitergehenden Auswertung der Nebenbedingungen fassen wir die 7 Komponenten des Isotopengemischs zu 3 Gruppen mit den Indikatoren

$$J(1) = \{1, 2, 3, 4, 5\}, \qquad J(2) = \{6\}, \qquad J(3) = \{7\}$$

zusammen. Sodann kehren wir in das Kaskadenschema zurück und betrachten

$\bar{x}_0^*$ Gruppenverteilung am Eingang
$\bar{x}_l^*$ Gruppenverteilung am l-ten Ausgang

mit

$$\left.\begin{aligned} \bar{x}_l^1 &= x_l^1 + x_l^2 + x_l^3 + x_l^4 + x_l^5 \\ \bar{x}_l^2 &= x_l^6 \\ \bar{x}_l^3 &= x_l^7 \end{aligned}\right\} l = 0, 1, 2, 3\ (4) \quad (34)$$

Mit x_0^* ist auch die Gruppenverteilung $\bar{x}_0^*$ am Eingang gegeben. Für die Relativentnahmen σ_l und die Gruppenverteilungen $\bar{x}_l^*$ an den drei externen Ausgängen ($l = 1, 2, 3$) können wir die folgenden Bestimmungsgleichungen zusammentragen:

$$\sum_{i=1}^{3} \bar{x}_l^i = 1; \quad l = 1, 2, 3 \text{ Normierung} \quad (35)$$

$$\sum_{l=1}^{3} \sigma_l \bar{x}_l^i = \bar{x}_0^i; \quad i = 1, 2, 3 \text{ Materialbilanz} \quad (36)$$

$$\left.\begin{aligned} &\bar{x}_2^2 = 0{,}500 \\ &\frac{\sigma_1 \bar{x}_1^2 + \sigma_3 \bar{x}_3^2}{\sigma_1 + \sigma_3} = 0{,}005 \end{aligned}\right\} \text{Nebenbedingungen} \quad (37)$$

$$\left.\begin{aligned} \bar{x}_1^3 &\approx 0 \\ \bar{x}_3^1 &\approx 0 \end{aligned}\right\} \text{Zusatzannahmen} \quad (38)$$

Hierbei handelt es sich um 10 Gleichungen für 12 Unbekannte, so daß sich eine 2parametrige Lösungsschar ergibt. Anschließend lassen sich im Bedarfsfall auch σ_4, $\bar{x}_4^*$ angeben:

$$\left.\begin{aligned} \sigma_4 &= \sigma_2 + \sigma_3 \\ \bar{x}_4^i &= \frac{\sigma_2 \bar{x}_2^i + \sigma_3 \bar{x}_3^i}{\sigma_2 + \sigma_3}; \quad i = 1, 2, 3 \end{aligned}\right\} \quad (39)$$

Bei geeigneter Wahl der Scharparameter ξ, η gewinnen wir so Darstellungen der Art

$$\sigma_l = \Sigma_l(\xi, \eta), \quad \bar{x}_l^i = \bar{X}_l^i(\xi, \eta) \quad (40)$$

die konkreten Vorschriften können aus Tab. 2 entnommen werden. Die freien Parameter sind dabei auf die Intervalle

$$0 < \xi < 0{,}04606, \quad 0 < \eta < 0{,}00454 \quad (41)$$

beschränkt.

2.5. *Binäre Approximation der einzelnen Kolonnen*

Wir bereiten für jede der beteiligten Kolonnen eine binäre Approximation vor. Hierzu teilen wir die Komponenten auf 2 Gruppen auf und zeichnen eine davon als Leitgruppe aus; dabei sei

J_l Indikator der Leitgruppe

bezüglich der l-ten Kolonne. Insbesondere interessieren wir uns für

$\bar{d}_l$ binärer Trennfaktor
$\bar{\sigma}_l$ Relativdurchsatz
$\check{x}_l$ Eingangskonzentration } der Leitgruppe
$\hat{x}_l$ Ausgangskonzentration } der Leitgruppe

Für die Trennfaktoren $\bar{d}_l$ ist auf der Grundlage gewisser Vorkenntnisse und Vermutungen über das komponentenweise Konzentrationsprofil eine Abschätzung vorgenommen worden, die hier nicht im einzelnen wiedergegeben werden soll.

Die übrigen Werte, also $\bar{\sigma}_l$, $\check{x}_l$, $\hat{x}_l$, lassen sich aus den in Tab. 2 angegebenen Größen σ_*, $\bar{x}_*^*$ berechnen, so daß wir Darstellungen der Form

$$\bar{\sigma}_l = \bar{\Sigma}_l(\xi, \eta), \quad \check{x}_l = \check{X}_l(\xi, \eta), \quad \hat{X}_l = \hat{x}_l(\xi, \eta) \quad (42)$$

erhalten.

Bei der detaillierten Durchführung macht sich eine getrennte Behandlung der beiden Kaskadierungsstrategien erforderlich.

1. Einschrittstrategie

Kolonne 1: $J_1 = \{1, 2, 3, 4, 5\}$

$\bar{\sigma}_1 = \sigma_1$, $\quad \check{x}_1 = \bar{x}_2^1$, $\quad \hat{x}_1 = \bar{x}_1^1$

Kolonne 3: $J_3 = \{7\}$

$\bar{\sigma}_3 = \sigma_3$, $\quad \check{x}_3 = \bar{x}_2^3$, $\quad \hat{x}_3 = \bar{x}_3^3$

Die expliziten Ausdrücke sind in Tab. 3 zusammengestellt.

2. Zweischrittstrategie

Kolonne 1: $J_1 = \{1, 2, 3, 4, 5\}$

$\bar{\sigma}_1 = \sigma_1$, $\quad \check{x}_1 = \bar{x}_0^1$, $\quad \hat{x}_1 = \bar{x}_1^1$

Kolonne 4: $J_4 = \{6, 7\}$

$\bar{\sigma}_4 = \sigma_4$, $\quad \check{x}_4 = \bar{x}_0^2 + \bar{x}_0^3$, $\quad \hat{x}_4 = \bar{x}_4^2 + \bar{x}_4^3$

Kolonne 2: $J_2 = \{1, 2, 3, 4, 5, 6\}$

$\bar{\sigma}_2 = \sigma_2$, $\quad \check{x}_2 = \bar{x}_4^1 + \bar{x}_4^2$, $\quad \hat{x}_2 = \bar{x}_2^1 + \bar{x}_2^2$

Kolonne 3: $J_3 = \{7\}$

$\bar{\sigma}_3 = \sigma_3$, $\quad \check{x}_3 = \bar{x}_4^3$, $\quad \hat{x}_3 = \bar{x}_3^3$

Die expliziten Resultate findet man ebenfalls in Tab. 3.

Tab. 2. Parameterdarstellung

l	σ_l	$\bar{x}_l^1$	$\bar{x}_l^2$	$\bar{x}_l^3$
0	1	0,48860	0,05060	0,46080
1	$0{,}44254 + \xi + \eta$	$\frac{0{,}44254 + \xi}{0{,}44254 + \xi + \eta}$	$\frac{\eta}{0{,}44254 + \xi + \eta}$	≈ 0
2	0,09212	$\frac{0{,}04606 - \xi}{0{,}09212}$	0,50000	$\frac{\xi}{0{,}09212}$
3	$0{,}46534 - \xi - \eta$	≈ 0	$\frac{0{,}00454 - \eta}{0{,}46534 - \xi - \eta}$	$\frac{0{,}46080 - \xi}{0{,}46534 - \xi - \eta}$
4	$0{,}55746 - \xi - \eta$	$\frac{0{,}04606 - \xi}{0{,}55746 - \xi - \eta}$	$\frac{0{,}05060 - \eta}{0{,}55746 - \xi - \eta}$	$\frac{0{,}46080}{0{,}55746 - \xi - \eta}$

σ_0 Relativeingabe, $\bar{x}_0^*$ Gruppenverteilung } am Eingang
σ_l Relativentnahme, x_l^* Gruppenverteilung } am l-ten Ausgang

Tab. 3. Parameterdarstellung

	l	$\bar{\sigma}_l$	$\check{x}_l$	$\hat{x}_l$	d_l
1-schritt	1	$0{,}44254 + \xi + \eta$	$\dfrac{0{,}04606 - \xi}{0{,}09212}$	$\dfrac{0{,}44254 + \xi}{0{,}44254 + \xi + \eta}$	0,00795
	3	$0{,}46534 - \xi - \eta$	$\dfrac{\xi}{0{,}09212}$	$\dfrac{0{,}46080 - \xi}{0{,}46534 - \xi - \eta}$	0,00706
2-schritt	1	$0{,}44254 + \xi + \eta$	0,48860	$\dfrac{0{,}44254 + \xi}{0{,}44254 + \xi + \eta}$	0,01060
	4	$0{,}55746 - \xi - \eta$	0,51140	$\dfrac{0{,}51140 - \eta}{0{,}55746 - \xi - \eta}$	0,01120
	2	0,09212	$\dfrac{0{,}09666 - \xi - \eta}{0{,}55746 - \xi - \eta}$	$\dfrac{0{,}09212 - \xi}{0{,}09212}$	0,00765
	3	$0{,}46534 - \xi - \eta$	$\dfrac{0{,}46080}{0{,}55746 - \xi - \eta}$	$\dfrac{0{,}46080 - \xi}{0{,}46534 - \xi - \eta}$	0,00706

$\bar{\sigma}_l$ Relativdurchsatz
$\check{x}_l$ Leitkonzentration am Eingang
$\hat{x}_l$ Leitkonzentration am Ausgang
$\bar{d}_l$ Trennfaktor
} der l-ten Kolonne

2.6. *Reduzierte Optimierungsaufgabe*

Nach diesen Vorbereitungen zerlegen wir den normierten Kaskadierungsaufwand in seine kolonnenweisen Bestandteile:

$$\bar{\omega} = \sum_l \omega_l \tag{43}$$

Die letzteren approximieren wir durch

$$\omega_l = \Omega\left(\check{x}_l, \hat{x}_l, \bar{\sigma}_l, \zeta_l(*); \bar{d}_l\right) \tag{44}$$

wobei Ω gemäß Darstellung (23) den normierten Aufwand für eine Kolonne mit binärem Gemisch in Abhängigkeit von den entsprechenden Einflußgrößen beschreibt. Substituieren wir für $\check{x}_l, \hat{x}_l, \bar{\sigma}_l$ noch die zuvor abgeleiteten Ausdrücke, so ergibt sich

$$\bar{\omega} = \sum_l \Omega\left(\check{X}_l(\xi, \eta), \hat{X}_l(\xi, \eta), \bar{\Sigma}_l(\xi, \eta), \zeta_l(*); \bar{d}_l\right) \tag{45}$$

Hierbei können ξ, η und $\zeta_1(*)$, $\zeta_3(*)$ $\left(\zeta_2(*), \zeta_4(*)\right)$ als unabhängige Einflußgrößen aufgefaßt werden, die in gewissen Grenzen frei verfügbar sind.

Die Minimierung dieser Zielfunktion kann in zwei Etappen vollzogen werden, wobei wir zunächst die partielle Minimierung bezüglich $\zeta_1(*)$, $\zeta_3(*)$ $\left(\zeta_2(*), \zeta_4(*)\right)$ vornehmen. Als Zwischenergebnis erhalten wir nach dem Muster (24), (25), (26) die reduzierte Zielfunktion

$$\bar{\omega}' = \sum_l \Omega'\left(\check{X}_l(\xi, \eta), \hat{X}_l(\xi, \eta), \bar{\Sigma}_l(\xi, \eta); \bar{d}_l\right) \tag{46}$$

die nunmehr als Funktion von ξ, η allein erscheint; symbolisch ausgedrückt

$$\bar{\omega}' = \bar{\Omega}'(\xi, \eta) \tag{47}$$

Damit haben wir das Problem auf die Minimierungsaufgabe

$$\left.\begin{array}{l} \bar{\Omega}'(\xi, \eta) \Rightarrow \text{Min!} \\ 0 < \xi < 0{,}04606; \qquad 0 < \eta < 0{,}00454 \end{array}\right\} \tag{48}$$

zurückgeführt, deren Lösung schließlich das totale Optimum liefert.

Die numerische Lösung der reduzierten Optimierungsaufgabe bereitet nun keine ernsthaften Schwierigkeiten mehr, zumal die zugehörige Zielfunktion bei Verwendung der Darstellung (30) bzw. (33) in analytischer Form vorliegt. Wir interessieren uns zuerst für die Lage des Optimums in der (ξ, η)-Ebene, die allgemein durch die Koordinaten (ξ', η') beschrieben werden möge. Diesbezüglich zeigt sich eine weitgehende Übereinstimmung zwischen dem rechteckigen und dem kontinuierlichen Typ, so daß wir nur zwischen den beiden Strategien differenzieren wollen:

1. Einschrittstrategie

$$\xi' = 0{,}02646; \qquad \eta' = 0{,}00210 \tag{49}$$

2. Zweischrittstrategie

$$\xi' = 0{,}02696; \qquad \eta' = 0{,}00155 \tag{50}$$

Im Anschluß hieran lassen sich auch alle übrigen relevanten Größen spezifieren. So beträgt der minimale normierte Kaskadierungsaufwand

$$\bar{\omega}'' = \bar{\Omega}'(\xi', \eta') \tag{51}$$

Die normierten Ströme und Konzentrationen ergeben sich zu

$$\left.\begin{array}{lll} \sigma_l' = \Sigma_l(\xi', \eta'), & \bar{x}_l' = {}_l(X\xi', \eta') & \\ \bar{\sigma}_l' = \bar{\Sigma}_l(\xi', \eta'), & \check{x}_l' = \check{X}_l(\xi', \eta'), & \hat{x}_l' = \hat{X}_l(\xi', \eta') \end{array}\right\} \tag{52}$$

Schließlich können wir noch die totalen Optimalwerte ω_l'', $\bar{\mu}_l''$, $\zeta_l''(*)$ von ω_l, $\bar{\mu}_l$, $\zeta_l(*)$ ermitteln, wobei wir von den Darstellungen (28), (29), (30) bzw. (31), (32), (33) Gebrauch machen:

$$\left.\begin{array}{l} \omega_l'' = \Omega'(\check{x}_l', \hat{x}_l', \bar{\sigma}_l'; \bar{d}_l) \\ \bar{\mu}_l'' = \bar{M}'(\check{x}_l', \hat{x}_l', \bar{\sigma}_l'; \bar{d}_l) \\ \zeta_l''(\nu) = Z'(\check{x}_l', \hat{x}_l', \bar{\sigma}_l'; \bar{d}_l)(\nu) \end{array}\right\} \tag{53}$$

Insbesondere lesen wir hieraus ab, wie die optimale Wahl der normierten Kaskadenvariablen zu erfolgen hat. Auf konkrete Zahlenangaben verzichten wir aber an dieser Stelle.

2.7. *Numerische Korrektur*

Da es sich bei der analytischen Behandlung der Optimierungsaufgabe nur um eine Näherung handelt, muß man damit rechnen, daß die in den Nebenbedingungen formulierte Trennaufgabe nicht exakt realisiert wird. Deshalb sehen wir unter Verwendung des bereitgestellten EDV-Programms eine numerische Kontrolle und Korrektur der Lösung vor mit dem vorrangigen Ziel, die Nebenbedingungen möglichst genau einzuhalten.

Allerdings gestattet das Programm nur die Konzentrationsberechnung für stufenförmige Kolonnen. Die kontinuierlichen Kolonnen werden deshalb durch 10stufige Kolonnen approximiert, wobei wir von vornherein eine äquidistante Unterteilung längs der Kolonnenachse vereinbaren. Verwenden wir jetzt die Bezeichnung

μ_{kl} Trennstufenzahl } der k-ten Stufe
ζ_{kl} relative Profilstärke } der l-ten Kolonne,

so liefert der Zusammenhang

$$\mu'_{kl} = \frac{\bar{\mu}''_l}{10}, \quad \zeta'_{kl} = \zeta''_{kl}\left(\frac{k-1}{10}\bar{\mu}''_l\right); \quad k = 1, \dots, 10 \tag{54}$$

eine Näherung für die zugehörigen Optimalwerte.

Unter diesen Bedingungen ergab die Nachrechnung des Konzentrationsprofils bei den verschiedenen Kaskadierungsvarianten, daß die geforderte Anreicherung von ^{85}Kr im Produktstrom und damit auch die gewünschte Abreicherung im Abfallstrom nicht ganz erreicht wird. Die erforderliche Korrektur wurde an den Trennstufenzahlen und den Profilstärken vorgenommen; die Entnahmewerte hingegen blieben unverändert:

$$\sigma_l = \sigma'_l, \qquad \mu_{kl} = \varkappa_l \mu'_{kl}, \qquad \zeta_{kl} = \lambda_l \zeta'_{kl} \tag{55}$$

Dabei sind die kolonnenweisen Korrekturfaktoren $\varkappa_l$, λ_l so bestimmt worden, daß die Kaskade mit den aktuellen Variablen $\sigma_*, \mu_{**}, \zeta_{**}$ die Nebenbedingungen nahezu exakt erfüllt. Die praktische Ermittlung dieser Faktoren erfolgte im wesentlichen durch schrittweises Herantasten, wobei darauf geachtet wurde, daß der normierte Kaskadierungsaufwand möglichst wenig anwuchs.

Das exakte Minimum wird man auf diese Weise kaum treffen. Da sich aber die Zielfunktion, auf die es bei einer Aufwandsabschätzung in erster Linie ankommt, in der Umgebung des Minimums nur relativ schwach ändert, wurde diese Approximation als ausreichend erachtet.

2.8. Optimale Varianten

Insgesamt sind vier Varianten in die Optimalitätsbetrachtungen einbezogen worden:

① Einschrittstrategie mit rechteckigen (einstufigen) Kolonnen
② Einschrittstrategie mit kontinuierlichen (zehnstufigen) Kolonnen
③ Zweischrittstrategie mit rechteckigen (einstufigen) Kolonnen
④ Zweischrittstrategie mit kontinuierlichen (zehnstufigen) Kolonnen

Hierzu werden die folgenden konkreten Resultate mitgeteilt:

ζ_{kl} relative Profilstärke der k-ten Stufe der l-ten Kolonne
$\bar{\mu}_l$ Gesamttrennstufenzahl der l-ten Kolonne
ω_l normierter Aufwandsanteil der l-ten Kolonne
$\bar{\omega}$ normierter Kaskadierungsaufwand
} Tab. 4

x^i_l Konzentration der i-ten Komponente am l-ten Ausgang
σ_l Relativentnahme am l-ten Ausgang
} Tab. 5

Außer entsprechenden Tabellen sind noch maßstabgetreue graphische Darstellungen des Kaskadenprofils angefertigt worden. Die Höhe einer Stufe repräsentiert die Trennstufenzahl, die Breite die relative Profilstärke. Die eingeschlos-

Tab. 4. Optimale Kaskaden

		1-schritt		2-schritt			
	l	1	3	1	4	2	3
1-stufig	ζ_{1l}	320	245	120	135	114	128
	$\bar{\mu}_l$	1400	1650	1000	650	550	860
	ω_l	448000	404250	120000	87750	62700	110080
	ω	852250		380530			
10-stufig	ζ_{1l}	556	429	181	188	124	150
	ζ_{2l}	341	289	140	160	95	141
	ζ_{3l}	232	212	116	138	74	134
	ζ_{4l}	175	170	103	122	57	127
	ζ_{5l}	146	146	94	108	44	119
	ζ_{6l}	129	131	88	95	34	110
	ζ_{7l}	118	120	82	82	26	99
	ζ_{8l}	106	107	74	68	19	84
	ζ_{9l}	89	89	61	51	13	64
	ζ_{10l}	59	58	39	29	7	38
	$\bar{\mu}_l$	1670	1800	1100	750	750	960
	ω_l	325817	315180	107580	78075	36975	102336
	$\bar{\omega}$	640997		324966			

ζ_{kl} relative Profilstärke der k-ten Stufe der l-ten Kolonne
$\bar{\mu}_l$ Gesamttrennstufenzahl der l-ten Kolonne
ω_l normierter Aufwandsanteil der l-ten Kolonne
$\bar{\omega}$ normierter Kaskadierungsaufwand

Tab. 5. Optimale Kaskaden

		1-schritt			2-schritt			
	l	1	2	3	1	2	3	4
1-stufig	x_l^1	0,0006	0,0000	0,0000	0,0006	0,0000	0,0000	0,0000
	x_l^2	0,0088	0,0004	0,0000	0,0089	0,0000	0,0000	0,0000
	x_l^3	0,0454	0,0035	0,0000	0,0462	0,0000	0,0000	0,0000
	x_l^4	0,2807	0,0316	0,0000	0,2873	0,0010	0,0000	0,0002
	x_l^5	0,6601	0,1780	0,0000	0,6536	0,2188	0,0000	0,0380
	x_l^6	0,0044	0,5006	0,0057	0,0034	0,5004	0,0067	0,0924
	x_l^7	0,0000	0,2859	0,9943	0,0000	0,2798	0,9933	0,8694
	σ_l	0,471	0,092	0,437	0,470	0,092	0,438	0,530
10-stufig	x_l^1	0,0006	0,0000	0,0000	0,0006	0,0000	0,0000	0,0000
	x_l^2	0,0089	0,0002	0,0000	0,0089	0,0000	0,0000	0,0000
	x_l^3	0,0457	0,0022	0,0000	0,0462	0,0000	0,0000	0,0000
	x_l^4	0,2825	0,0220	0,0000	0,2873	0,0006	0,0000	0,0001
	x_l^5	0,6582	0,1879	0,0000	0,6536	0,2192	0,0000	0,0381
	x_l^6	0,0041	0,5005	0,0060	0,0034	0,5005	0,0067	0,0924
	x_l^7	0,0000	0,2872	0,9940	0,0000	0,2797	0,9933	0,8694
	σ_l	0,471	0,092	0,437	0,470	0,092	0,438	0,530

x_l^i Konzentration der i-ten Komponente am l-ten Ausgang
σ_l Relativentnahme am l-ten Ausgang

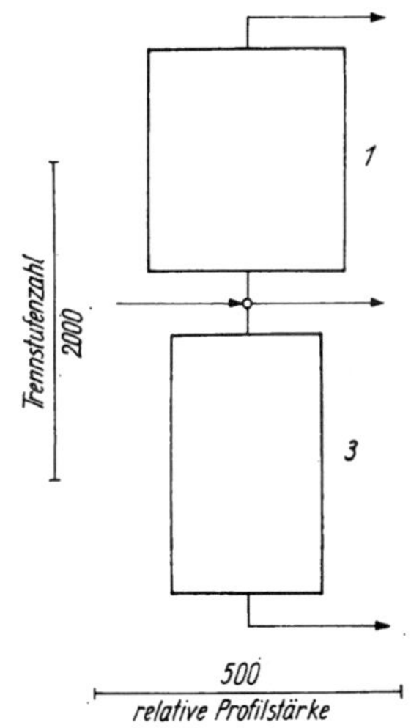

Abb. 3. Maßstabgetreues Kaskadenschema für die optimale Einschrittstrategie mit einstufigen Kolonnen

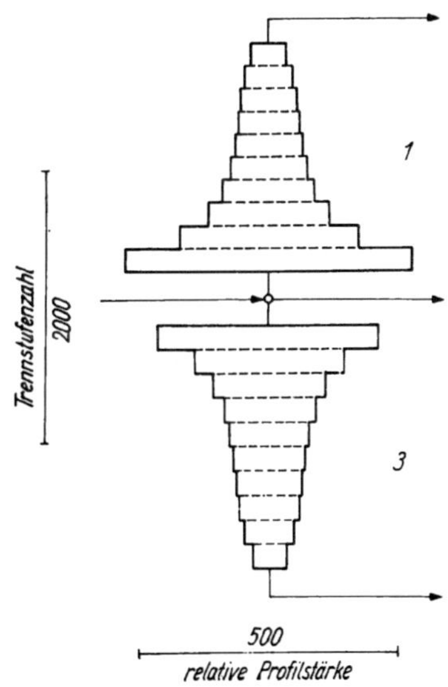

Abb. 4. Maßstabgetreues Kaskadenschema für die optimale Einschrittstrategie mit zehnstufigen Kolonnen

sene Fläche illustriert damit den normierten Kaskadierungsaufwand (Abb. 3, 4, 5, 6).

Die Ergebnisse zeigen erwartungsgemäß, daß der normierte Aufwand für die einzelnen Varianten in der Reihenfolge ①, ②, ③, ④ abnimmt. Dabei erweist sich die Zweischrittstrategie der Einschrittstrategie deutlich überlegen.

3. Rückübertragung der normierten Resultate

Zum Abschluß skizzieren wir die Rückübertragung der Resultate der Kaskadenoptimierung in normierten Variablen auf technische Anlagen. Als praktisch wichtigstes Ergebnis erhält man eine Abschätzung des Mindestaufwands zur Realisierung der vorliegenden Trennaufgabe, worauf wir auch die konkreten Zahlenangaben beschränken wollen.

3.1. *Technische Approximation der normierten Kaskade*

Wir gehen von einer normierten Kaskade aus und geben die zugehörigen Variablen so an, wie sie auch bei der rechentechnischen Behandlung vorliegen. Neben

n_l Anzahl der Stufen der l-ten Kolonne

sollen also die normierten Variablen

σ_l Relativentnahme am l-ten Ausgang
μ_{kl} Trennstufenzahl } der k-ten Stufe
ζ_{kl} relative Profilstärke } der l-ten Kolonne

festliegen. Dabei sind insbesondere für ζ_{kl} beliebige positive Realzahlen zugelassen, da wir zugunsten einer Separation der Optimierungsaufgabe auf die Einhaltung einer

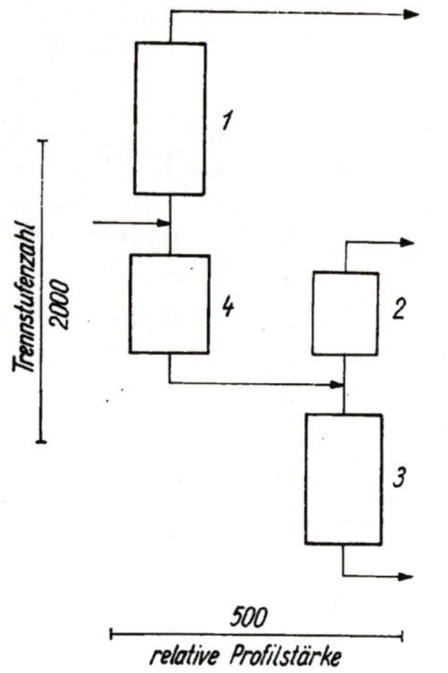

Abb. 5. Maßstabgetreues Kaskadenschema für die optimale Zweischrittstrategie mit einstufigen Kolonnen

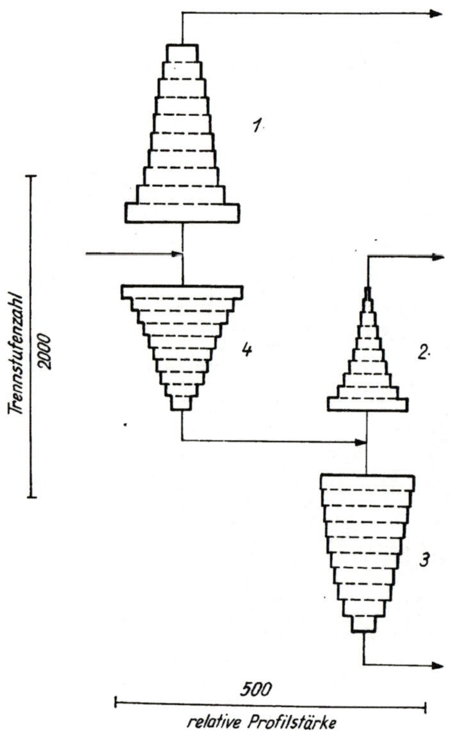

Abb. 6. Maßstabgetreues Kaskadenschema für die optimale Zweischrittstrategie mit zehnstufigen Kolonnen

elementaren Schrittweite verzichtet haben. Das hat allerdings zur Folge, daß die durch formale Rücktransformation gewonnenen Werte z_{kl} für die Säulenanzahl im allgemeinen keine Ganzzahlen darstellen und folglich technisch nicht realisierbar sind. Wir müssen deshalb zwischen „theoretischen" und „praktischen" Säulenzahlen unterscheiden. Insgesamt arbeiten wir mit den folgenden technischen Kaskadenvariablen:

s_l Strom am l-ten Ausgang
h_{kl} Höhe
$\tilde{z}_{kl}$ theoretische Säulenzahl
$\bar{z}_{kl}$ praktische Säulenzahl
} der k-ten Stufe der l-ten Kolonne

Es stellt sich nun die Frage, wie gut sich die theoretische Kaskade praktisch approximieren läßt. Zur Bewertung der Näherung verwenden wir die Gesamtlänge t an Trennrohr, die eng mit dem Kaskadierungsaufwand zusammenhängt. Im einzelnen betrachten wir

$$\tilde{t} = \sum_l \sum_{k=1}^{n_l} \tilde{z}_{kl} h_{kl} \qquad \text{theoretische Gesamtlänge}$$

$$\bar{t} = \sum_l \sum_{k=1}^{n_l} \bar{z}_{kl} h_{kl} \qquad \text{praktische Gesamtlänge}$$

$$\Delta t = \bar{t} - \tilde{t} \qquad \text{absolute Abweichung}$$

$$\Theta t = \frac{\bar{t} - \tilde{t}}{\tilde{t}} \qquad \text{relative Abweichung}$$

wobei sich besonders der relative Approximationsfehler Θt zur Beurteilung der praktischen Näherung eignet.

Bei der Normierung der Variablen dienten die Trennrohrparameter p, q und der Eingabestrom s_0 als Bezugsgrößen.

Die formale Rücktransformation liefert zunächst

$$s_l = s_0 \sigma_l, \qquad h_{kl} = p \mu_{kl} \tag{56}$$

und

$$\tilde{z}_{kl} = \frac{s_0}{q} \zeta_{kl} \tag{57}$$

Im Anschluß hieran wählen wir $\bar{z}_{kl}$ als nächste Ganzzahl oberhalb von $\tilde{z}_{kl}$, also

$$\bar{z}_{kl} \text{ Ganzzahl: } \tilde{z}_{kl} \leqq \bar{z}_{kl} \leqq \tilde{z}_{kl} + 1 \tag{58}$$

Damit liegen wir hinsichtlich der Trennleistung auf der sicheren Seite. Die hierdurch bedingte Aufwandserhöhung hängt von mehreren Faktoren ab. Wir beschränken uns darauf, den Einfluß von s_0 genauer zu analysieren.

Für die theoretische Gesamtlänge gilt die Darstellung

$$\tilde{t} = e_0 s_0 \tag{59}$$

mit

$$e_0 = \frac{p}{q} \bar{\omega}, \qquad \bar{\omega} = \sum_l \sum_{k=1}^{n_l} \mu_{kl} \zeta_{kl} \tag{60}$$

Bei der praktischen Gesamtlänge gestaltet sich der Zusammenhang etwas komplizierter, doch ist im Anschluß an (58) die einfache Eingrenzung

$$e_0 s_0 \leqq \bar{t} < e_0 s_0 + f_0 \tag{61}$$

möglich mit

$$f_0 = p \bar{\varrho}, \qquad \bar{\varrho} = \sum_l \sum_{k=1}^{n_l} \mu_{kl} \tag{62}$$

Damit gelangen wir auch zu einer Abschätzung der Approximationsfehler:

$$0 \leqq \Delta t < f_0, \qquad 0 \leqq \Theta t < \frac{g_0}{s_0} \tag{63}$$

$$g_0 = q \frac{\bar{\varrho}}{\bar{\omega}} \tag{64}$$

Man erkennt insbesondere, daß der relative Approximationsfehler im Einklang mit früheren Feststellungen mit wachsender Mengenleistung der Anlage abnimmt.

3.2. *Aufwandsabschätzung*

Die Abschätzung des Aufwands zur Realisierung der Trennaufgabe nach den vier Kaskadierungsvarianten soll durch einige konkrete Zahlenangaben untermauert werden.

Der apparative Aufwand wird in erster Näherung durch die reale Gesamtlänge an Trennrohr charakterisiert, die wir wieder mit t bezeichnen wollen. Daneben betrachten wir noch den energetischen Aufwand, wobei wir uns auf die Heizleistung beschränken. Es seien also jetzt speziell

w Gesamtheizleistung
u spezifische Heizleistung

Wir führen die technische Approximation der normierten Kaskaden in der zuvor beschriebenen Weise aus, beziehen uns aber bei der Aufwandsabschätzung jetzt besser auf den Produktstrom s_I. Dann gilt die Eingrenzung

$$\left.\begin{array}{l} e_I s_I \leqq t < e_I s_I + f_0 \\ u e_I s_I \leqq w < u e_I s_I + u f_0 \end{array}\right\} \tag{65}$$

mit

$$e_I = \frac{e_0}{0{,}092} \tag{66}$$

wobei die technische Bedeutung der Koeffizienten wie folgt charakterisiert werden kann:

e_I ideale Gesamtlänge/Produktstrom
f_0 Fehlergrenze für die Gesamtlänge
ue_I ideale Heizleistung/Produktstrom
uf_0 Fehlergrenze für die Heizleistung

Der Koeffizient f_0 gestattet noch eine weitergehende Interpretation: Wenn man die Kaskade als einen Verband von parallel- und reihengeschalteten Trennrohrsegmenten auffaßt, so stellt f_0 die in Reihe erreichte Gesamtlänge dar, die wir auch als Kaskadenlänge bezeichnen wollen.

Zur Spezifizierung der Koeffizienten werden außer den normierten Kaskadenvariablen die Trennrohrparameter p, q und u benötigt. Dabei sollte das Trennrohr entsprechend dem Auswahlprinzip (16) möglichst optimal gestaltet sein. An dieser Stelle orientieren wir uns an einem Heizdraht-Trennrohr, welches mit Hilfe einer Kombination theoretischer und experimenteller Methoden für den Betrieb mit Krypton teiloptimiert wurde [1]. Die wichtigsten konstruktiven Daten (Trennrohrvariablen) sind:

Innendurchmesser des Rohrs	$7{,}2 \cdot 10^{-3}$ m
Heizdrahtdurchmesser	$3 \cdot 10^{-4}$ m
Temperatur der Rohrinnenwand	288 K
Temperatur des Heizdrahts	1000 K
Arbeitsdruck	$1{,}17 \cdot 10^{5}$ Pa

Damit ergeben sich die folgenden Trennrohrparameter:

$$p = 5{,}23 \cdot 10^{-2}\ \text{m}$$
$$q = 2{,}76 \cdot 10^{-4}\ \text{g/s}$$
$$u = 58\ \text{W/m}$$

Unter Verwendung dieser Parameter sind die konkreten Werte der Koeffizienten e_I, f_0, ue_I, uf_0 für die vier Varianten ①, ②, ③, ④ ermittelt und in Tab. 6 zusammengestellt worden. Hieraus liest man die folgenden Grundtendenzen ab: Während die Idealwerte für den apparativen und energetischen Aufwand in der genannten Reihenfolge der Varianten abnehmen, wachsen die relativen Approximationsfehler dabei an. Besonders instruktiv ist der Übergang von der Einschrittstrategie zur Zweischrittstrategie, der mit einer Aufwandsverminderung auf etwa die Hälfte verbunden ist. Hierdurch wird bestätigt, daß der Wahl der richtigen Kaskadierungsstrategie bei der Anreicherung von Mittelkomponenten eine besondere Bedeutung zukommt.

Tab. 6. Koeffizienten zur Aufwandsabschätzung

	e_I ms/g	f_0 m	ue_I Ws/g	uf_0 W
①	$1{,}74 \cdot 10^{9}$	$1{,}60 \cdot 10^{2}$	$1{,}01 \cdot 10^{11}$	$9{,}25 \cdot 10^{3}$
②	$1{,}31 \cdot 10^{9}$	$1{,}82 \cdot 10^{2}$	$7{,}60 \cdot 10^{10}$	$1{,}05 \cdot 10^{4}$
③	$7{,}77 \cdot 10^{8}$	$1{,}60 \cdot 10^{2}$	$4{,}50 \cdot 10^{10}$	$9{,}27 \cdot 10^{3}$
④	$6{,}64 \cdot 10^{8}$	$1{,}86 \cdot 10^{2}$	$3{,}85 \cdot 10^{10}$	$1{,}08 \cdot 10^{4}$

e_I ideale Gesamtlänge/Produktstrom
f_0 Fehlergrenze für die Gesamtlänge
ue_I ideale Heizleistung/Produktstrom
uf_0 Fehlergrenze für die Heizleistung

Wir erinnern uns: Die konkrete Trennaufgabe beinhaltet die partielle Abtrennung der Mittelkomponente ^{85}Kr aus typischem Reaktorkrypton, wobei eine Anreicherung von etwa 5 auf 50 Atom-% und ein Extraktionsgrad von etwa 90% erreicht werden sollen. Unter Beschränkung auf die günstigste Kaskadierungsvariante kann das Resultat der Aufwandsabschätzung bei Verwendung des angeführten Heizdraht-Trennrohrs auch wie folgt umschrieben werden: Bei einer Produktionsrate von 1 g/h an angereichertem Krypton werden eine Gesamttrennrohrlänge von 184 km und eine Heizleistung von 10,7 MW benötigt; die Kaskadenlänge, die allerdings nicht unmittelbar die Bauhöhe bestimmt, beläuft sich auf 186 m.

Die Anforderungen sind also enorm, auch wenn sich die Gesamttrennrohrlänge bei Einsatz anderer Trennrohrtypen, etwa von Koaxialrohren, verringern, der Raumbedarf der Kaskade durch Bündelung parallelgeschalteter Trennrohre relativ niedrig halten und die zwangsläufig entstehende Abwärme bei einem geeigneten Temperaturregime weiterverwenden ließe. Selbst beim Übergang zu alternativen, thermodynamisch günstigeren Gegenstromverfahren, beispielsweise der Tieftemperatur-Destillation, bleibt die geforderte Anreicherung der Mittelkomponente ^{85}Kr ein außerordentlich aufwendiges Problem.

Eingegangen am 15. 1. 1981

Literatur

[1] *G. Müller*, Dissertation, Math.-nat. Fak. Univ. Jena 1964

Dual Parameter Gamma-Ray Spectrometer for Low-Level Counting

P. Povinec

(Department of Nuclear Physics and Institute of Physics and Biophysics, Comenius University)[1])

Characteristics of dual parameter gamma-ray spectrometer used for low-level counting of positron emitters as well as emitters with cascade quanta are discussed. The dual parameter spectrometer described has from 2 to 10 times better sensitivity than single parameter spectrometers. The sensitivity of the spectrometer enables nondestructive measurements of cosmogenic nuclides in extraterrestrial samples, e.g. meteorites to be performed.

Keywords

extraterrestrial materials; gamma cascades; gamma spectrometers; low level counting; meteorites; pair spectrometers; positrons

1. Introduction

High sensitivity methods of gamma-ray spectrometry have been widely used during last years for research in nuclear physics, nuclear cosmophysics and for radioactivity measurements in the environment (see e.g. ref [1, 2]).

Large volume NaI(Tl) and Ge(Li) detectors arranged in heavy passive and active shields supplied with sophisticated electronics have enabled further developments in the low-level gamma-ray spectrometry [2].

Multidimensional gamma-ray spectrometry is the most powerful method of analysis of nuclides emitting gamma-radiation, especially when positron emitters, or nuclides which decay through the emission of two or more gamma-rays in cascade are considered for the detection [3]. If a pair of large volume NaI(Tl) detectors is used in the spectrometer, it enables to reach very high sensitivity with simultaneous determination of more than 10 radionuclides present in a sample of extraterrestrial (e.g. meteorite) or terrestrial (e.g. rain water) origin. Although the energy resolution of NaI(Tl) detectors is far behind the Ge(Li) detectors, the multidimensional gamma-ray spectrometers enable analysis of multicomponent samples to be performed, usually without requiring any prior chemical separation.

Large volume Na(Tl) detectors are also very suitable for nondestructive analysis of samples of various shapes. This is especially important when rare samples are analysed, e.g. lunar rocks, meteorites, etc.

The utilization of multidimensional gamma-ray spectrometers for low-level counting has been introduced by *Perkins* [4]. The Richmond group has built several spectrometers differing in dimensions and in the type of the detector used for the anticoincidence shielding. The cheaper design use a plastic scintillation detector [5] while the best results have been obtained with the anticoincidence shield made of Na(Tl) crystal [3]. The largest detection system described till now consists of two 230 mm dia by 200 mm thick NaI (Tl) crystals as principal detectors, surrounded by 380 mm dia by 280 mm thick NaI(Tl) anticoincidence shields [3]. The annulus is only optically separated from the principal detector and they are hermetically sealed together in a single container. The detector system is coupled to a 4096 word computer memory, that stores coincidence counts in the energy-energy plane of the memory according to their photon energies, while single gamma-rays are stored in a corresponding energy axis.

Spectrometers of similar design have been described also by *Cressy* [6] and *Eldridge* et al. [7]. They have been used for gamma-ray spectrometry of lunar samples and meteorites. *Hutchinson* et al. [8] have built an anticompton anticoincidence 4 $\pi\gamma$ NaI(Tl) detector with two 200 mm $\times$ 100 mm Na(Tl) well crystals mounted face to face surrounded by a plastic scintillator.

A gamma-gamma-coincidence spectrometer with good efficiency at moderate costs for positron emitters has been described by *Roedel* [9]. The detector consists of two NaI(Tl) scintillation crystals, the larger of which is 127 mm $\times$ 127 mm in size and has a well of 30 mm diameter; the smaller crystal has a size of 127 mm in diameter and 76 mm height. In comparison with multidimensional spectrometers this system design is much cheaper; however, because of high efficiency it enables measurements to be made of cosmogenic nuclides in extraterrestrial samples.

In this paper we report experiences with a dual parameter gamma-ray spectrometer of similar design. The spectrometer has been mostly used for low-level counting of gamma-ray emitters in meteorites [10].

2. Description of the spectrometer

The spectrometer consists of two NaI(Tl) scintillation crystals, each 150 mm in diameter and 100 mm long. Both crystals are selected for low background, and arranged in integral lines with the photomultipliers. The NaI(Tl) detectors are placed horizontally in a simple shield made of 100 mm thick blocks of contemporary lead.

In the normal arrangement the two NaI(Tl) detectors are close to each other. The sample to be measured is located between the crystals. If small diameter samples are measured a 20 mm thick lead spacer is introduced between the two crystals in order to reduce the coincidence rate due to compton scattering.

Amplified signals from the NaI(Tl) detectors are routed to a 4096 — channel two parameter analyzer type AI-4096-3M, which is used in the amplitude-amplitude mode. The block scheme of the apparatus is shown in Fig. 1. The multichannel analyzer uses two analog-digital converters, the coincidence unit, the arithmetical unit, the memory unit, the processor unit and the peripherials. The 4096

[1]) Address: Mlynská dolina, 816 31 Bratislava, Czechoslovakia

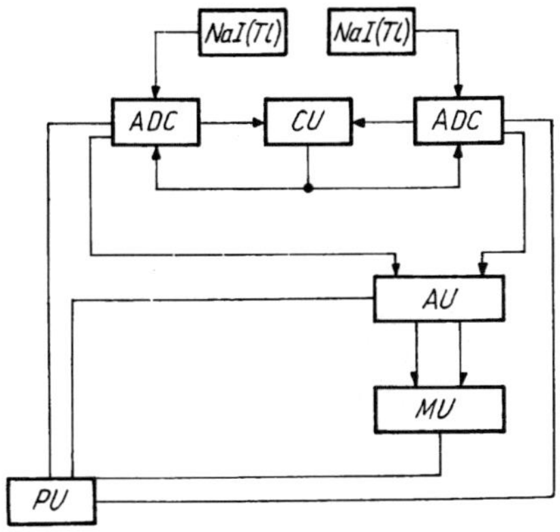

Fig. 1. Block scheme of the dual parameter gamma-ray spectrometer ADC – analog-digital converters; CU – coincidence unit; AU – arithmetical unit; MU – memory unit; PU – processor unit

channels of the analyzer are used in a rectangular 64 × 64 channel grouping. If a coincidence event occurs in both crystals, the pulse will be stored in a channel on the energy × energy plane, whose coordinates are determined by the energies of the events in the two detectors.

The result of the measurement is a set of 4096 points of (i, j) plane, where $i, j = 0, 1, 2, \ldots, 63$, with coordinates $X = i$, $Y = j$ and $Z = N_{ij}$, where N_{ij} is the counting rate.

3. Results and discussion

The counting characteristics of the dual parameter gamma-ray spectrometer were studied by the help of the positron emitter ^{22}Na (90% β^+, 10% EC, 100% 1·275 MeV gamma-quanta). In the two parameter gamma-ray spectra of ^{22}Na we have found 5 areas with prominent total absorption peaks:

X, MeV		Y, MeV	
0·511	×	0·511	annihilation peak
0·511	×	1·275	characteristic peak
0·511	×	1·786	summation peak
1·275	×	0·511	characteristic peak
1·786	×	0·511	summation peak

In Fig. 2 single parameter ^{22}Na spectra are shown for comparison, as obtained from the X and Y detectors. Two parameter ^{22}Na spectrum for the planes X = const. and Y = const., is shown in Fig. 3. Fig. 4 shows the two parameter ^{22}Na spectrum after background subtraction, as seen from the top.

A comparison of single and two parameter background spectra is performed in Fig. 5. The two parameter background spectrum represents background in the X-plane (a) and the Y-plane (b). A factor of background reduction of about 200 can be seen from these figures.

The significant background reduction is one of the great advantages of dual parameter spectrometers. While the decrease in the detection efficiency is only about a factor of two for the annihilation peak in a comparison with single parameter spectrometer, the background falls down by a factor of 200.

Tab. 1 illustrates the efficiencies, backgrounds and minimum detectable activities of the different arrangements, of the gamma-ray spectrometers. The minimum detectable activity is defined as the activity of a sample, which causes in the detector a count rate corresponding to twice the statistical error of the background. For a given time of measurement we can write:

$$MDA = \frac{2}{\varepsilon} \left(\frac{B}{T}\right)^{1/2}$$

where ε is the detection efficiency, B is the background and T is the measuring time. In our case we took the measuring time of 10^5 s.

Tab. 1 shows that the most sensitive system is the dual parameter spectrometer in the 0·511 × 0·511 MeV mode. It has about 10 times higher sensitivity in comparison with a single parameter spectrometer, or two times higher sensitivity as for single parameter gamma-gamma-coincidence spectrometer (a single channel pulse height analyzer set at 511 keV and used for gating a single parameter multichannel analyzer).

The second interesting point from the tab. 1 is a higher sensitivity obtained in coincidence spectrometer for the summation peaks than for the characteristic peaks. This

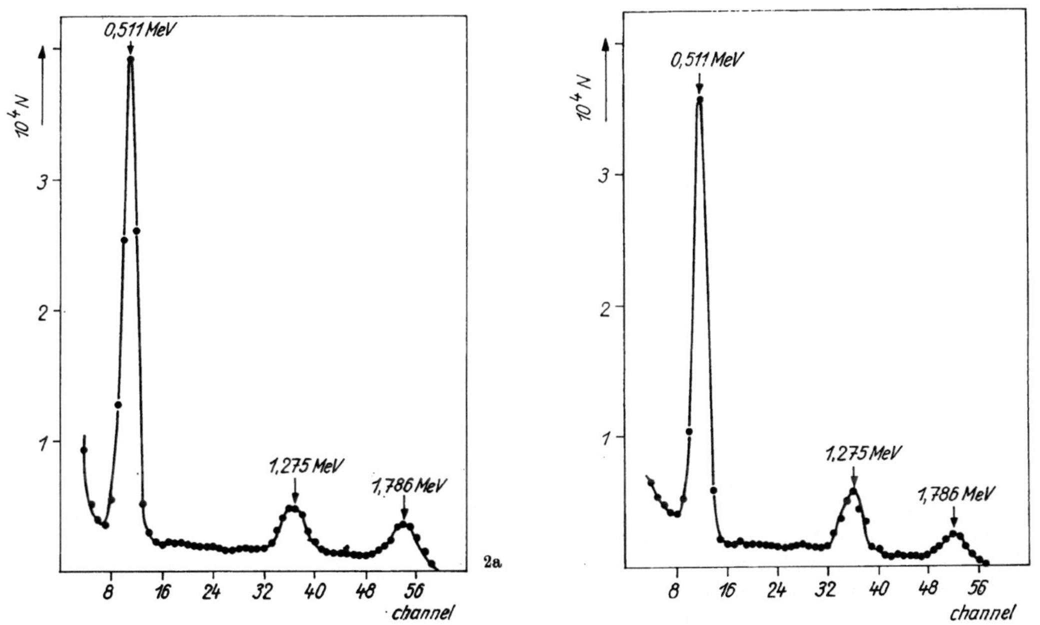

Fig. 2. Single parameter ^{22}Na spectra as obtained from the X and Y detectors (figures (a) and (b), respectively)

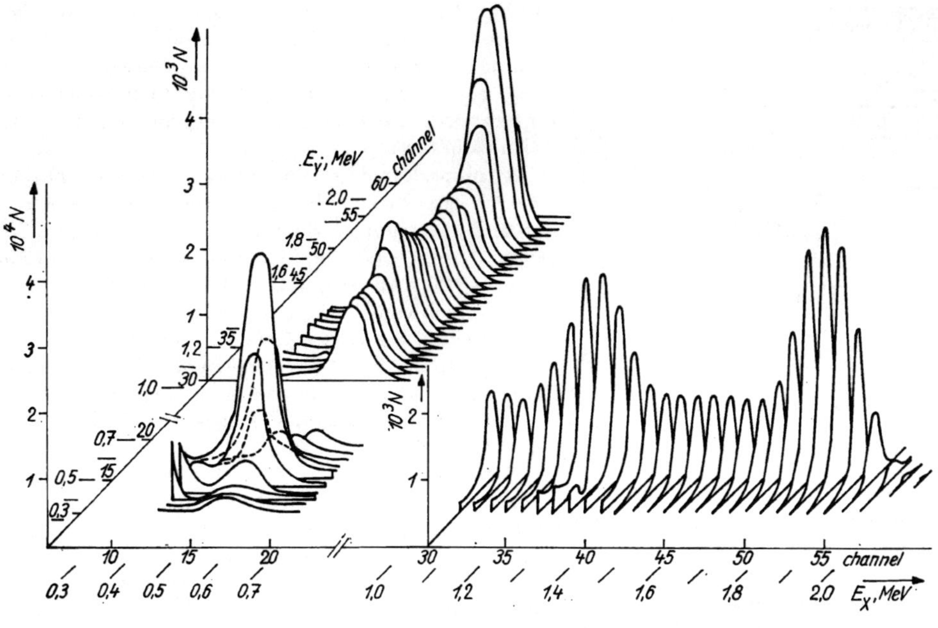

Fig. 3. Two parameter ^{22}Na spectrum shown for the planes X = const. and Y = const.

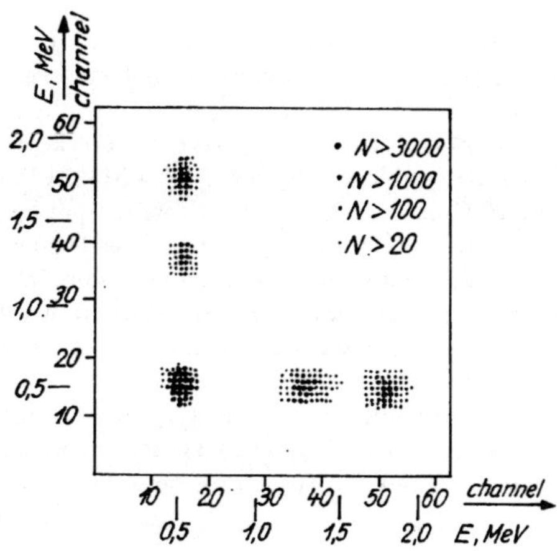

Fig. 4. Two parameter ^{22}Na spectrum after background subtraction, as seen from the top.

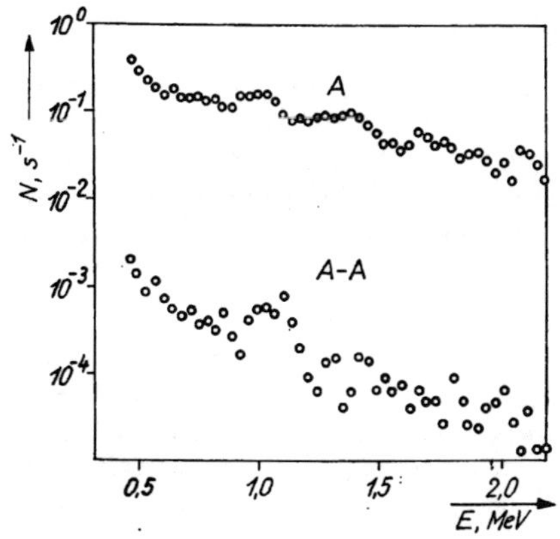

Fig. 5a

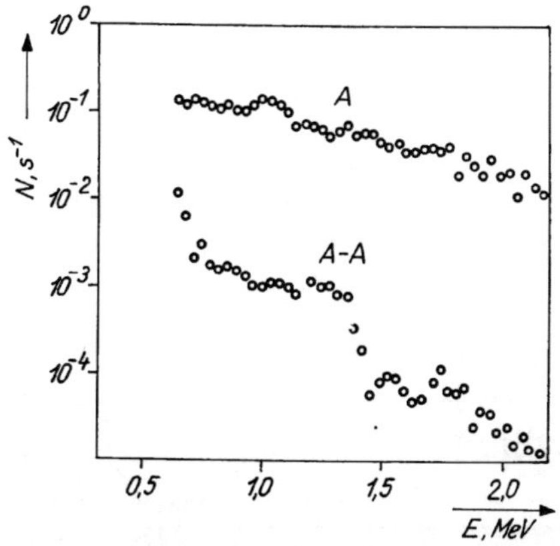

Fig. 5b

Fig. 5. A comparison of single and two parameter background spectra in the X-plane (a) and the Y-plane (b)

is especially important to know when two or more positron emitters are analyzed in one sample and therefore identification according to the annihilation peak can not be performed. This feature can be explained by a high probability that with the absorption of one annihilation quantum in the first crystal, simultaneously the second annihilation quantum and the characteristic quantum is absorbed in the second crystal. This can be seen also from the comparison of two parameter spectrum from Fig. 3 with a single parameter spectrum shown in Fig. 2. Therefore it is advantageous to identify positron radionuclides according to their summation gamma-lines, or to use all three peaks, i.e. the annihilation peak, the characteristic peak and the summation peak.

The sensitivity of the described dual parameter gamma-spectrometer enables measurements to be performed of cosmogenic nuclides in extraterrestrial samples. The spectrometer has been mostly used for ^{26}Al counting in meteorites. Fig. 6. shows a typical two parameter ^{26}Al gamma-ray spectrum for the planes X = const. and Y = const.,

Tab. 1. A comparison of efficiencies, backgrounds and minimum detectable activities of gamma-ray spectrometers for ^{22}Na counting

E, MeV	0·511	1·275	1·786	Spectrometer
ε, %	20·2	3·8	3·3	single parameter
B, s^{-1}	1·2	0·3	0·1	
MDA, mBq	35	91	61	
ε, %	9·9	0·2	2·1	single parameter
B, s^{-1}	8×10^{-3}	9×10^{-4}	8×10^{-4}	γ-γ coincidences
MDA, mBq	5·7	95	8·5	with 0·511 MeV
ε, %	11·9	0·6	1·7	dual
B, s^{-1}	5×10^{-3}	6×10^{-4}	3×10^{-4}	parameter
MDA, mBq	3·7	26	6·4	with 0·511 MeV

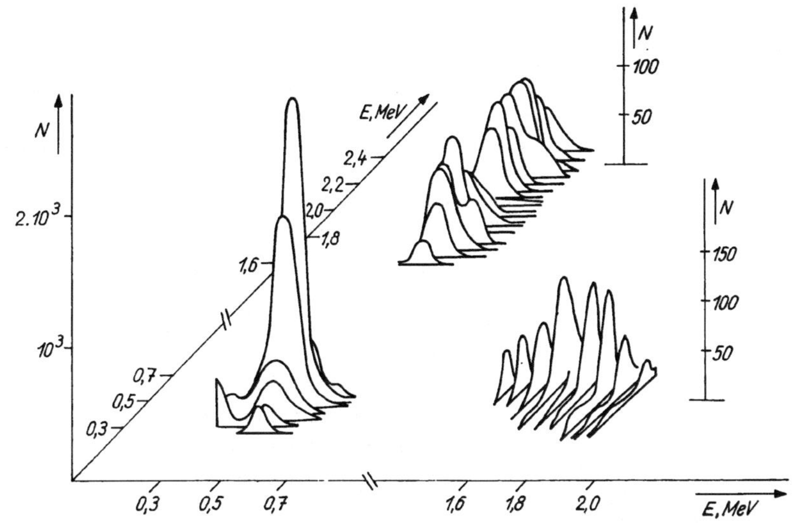

Fig. 6. Two parameter ^{26}Al spectrum shown for the planes X = const. and Y = const. as obtained from the analysis of Saratov meteorite

as obtained from the analysis of Saratov meteorite. In the spectrum these peaks can be resolved: 0·511 × 0·511 MeV, 0·511 × 1·81 MeV, 0·511 × 2·32 MeV and 1·81 × 0·511 MeV.

A further improvement in the sensitivity of the described dual parameter gamma-spectrometer is under way. The NaI(Tl) detectors will be located in a more sophisticated passive shield consisting of optimum layers for background reduction. However, the essential decrease in the background will be obtained by surrounding the NaI(Tl) detectors by large plastic scintillation detectors which will be used as an active anticoincidence shield.

4. Conclusion

We have seen that the dual parameter gamma-spectrometry system has several advantages in comparison with ordinary spectrometers, e.g. single parameter gamma-spectrometer or single parameter gamma-gamma coincidence spectrometer. First of all the dual parameter spectrometer has from 2 to 10 times better sensitivity than single parameter spectrometers. It enables evaluation of more energy combinations simultaneously and to choose the best conditions for long term measurements. This has a great influence also on the duration of measurements because simultaneously analysis of radionuclides emitting coincident as well as noncoincident gamma-rays is possible. An important advantage of dual parameter gamma-spectrometers lies in the better separation of peaks in the energy-energy plane, what enables to perform an analysis of multicomponent samples, although the energy resolution of NaI(Tl) crystals is much worse than of Ge(Li) detectors. The only drawback of dual parameter systems is the necessity to use a dual parameter multichannel analyzer, which is more costly than the ordinary multichannel analyzer.

The author is indebted to *P. Holič* for his help with measurements.

Received April 14, 1981

References

[1] Proc. Conf. on Radioactive dating and methods of low level counting (IAEA, Vienna 1967)
[2] Proc. Conf. on Low-radioactivity measurements and applications (ed. *Povinec* and *S. Usačev*; SPN, Bratislava 1977)
[3] *N. A. Wogman, R. W. Perkins, J. H. Kaye,* Nucl. Instr. and Meth. **74** (1969) 197.
[4] *R. W. Perkins,* Nucl. Instr. and Meth. **33** (1965) 71
[5] *J. M. Nielsen, R. W. Perkins,* in Radioactive dating and methods of low level counting (IAEA, Vienna 1967) p. 687
[6] *P. J. Cressy,* Geochim. Cosmochim. Acta **34** (1970) 771
[7] *J. S. Eldridge, G. D. O'Kelley, K. J. Northoutt, E. Schonfeld,* Nucl. Instr. and Meth. **113** (1973) 319
[8] *J. M. R. Hutchinson, J. L. Lantz, W. B. Mann, P. A. Mullen R. H. Rodriguez-Pasques,* IEEE Trans. Nucl. Sci. **19** (1972) 117
[9] *W. Roedel,* Nucl. Instr. and Meth. **83** (1970) 88
[10] *P. Povinec* et al., Report KJF UK 45/78

Distributed Data Processing System for Laboratory Automation with ESER Computer and Several Experiment Computers

B. Lindemann, R. Radmanesh

(Zentralinstitut für Isotopen- und Strahlenforschung der AdW)[1])

Communication between a central computer ROBOTRON ES 1040 and remote experiment computers at the Leipzig Central Institute of Isotope and Radiation Research is presented. It is a multi-user real-time computer network with hierarchical structure.

Keywords

camac system; computers; data processing; equipment interfaces; real time systems

1. Distributed data processing systems

The development in the field of technology that has taken place in the last few years, allows on a larger scale the distribution of components within data processing systems and offers consequently a wide variety of new alternatives at the designing of systems. At least the four following components may be distributed [1]:

— distributed data,
— distributed hardware or processing logic,
— distributed function or processing,
— distributed control.

Distributed hardware may lead to either multiprocessor or multicomputer systems. Multiprocessor systems are characterized by the distribution of the processing logic within a single computer system; an example for this is the inset of processor logic in addition to the CPU inside a computer. In opposition to this, the distribution of computing power, inside an organization, which, as a rule, is realised with the network technology, is known as multicomputer system. There are a number of organizational variations for the distribution of data, for example central data bases with distributed processors, distributed processors with local data bases, distributed sequented data bases with limited remote access.

It is useful to distinguish between the distribution of data and the distribution of information. Information is made available for several users in a distributed information system, no matter whether the data base itself from which the information is diverted is distributed or not. The distribution of the function is the main goal of a distributed data processing system, where the functional portion of the single components for the system may be very different. The "classical" form of the distribution of the function in a distributed data processing system is known from the hierarchical computer system.

The control in a distributed data processing system can be compared with a multidimensional job. There are functions on a low level, which correspond with the functions of single computers. Besides this it is necessary in a distributed system, to bring resources, necessary for utilization, to a desired place or to give the user within a short time with the help of a transmission mechanism access to remote resources for instance data bases. This requires in any case the distribution of control. In practice the degree of the distribution of the components vary strongly in dependence on the specific nature of the processing tasks and the kind of the administration of the organization within the systems, therefore distributed processing is not reached in each case. Systems with the following features may be considered distribution processing systems [2]:

1) A multiple processing by means of multiplicity of general purpose computers and/or-processors.
2) The physical distribution of these physical and logical components with a realized communication between them leads to a network.
3) The data transfer is controlled with the help of two-party, cooperative, communication type protocols.
4) The tuning of the system operations is achieved by a network control system. The single computers and/or processors can have their own individual operating system.
5) A cooperative autonomy of the components of physical and logical resources and a relatively weak interaction between the distributed subsystems exists.
6) The system transparency makes it possible for the user to demand a service by giving the corresponding terms, without knowing the physical mechanism fulfilling this service.
7) By the design and realization of the complete system a central coordination takes place.

More information about this definition and the problems of implementation of distributed data processing systems is given in [2].

2. Distributed data processing system ATLAS for laboratory automation

The system ATLAS (Allgemeines Terminalsystem zur Laborautomatisierung) is a multi-user real-time computer network with hierarchical structure. An electronic data processing machine ROBOTRON ES 1040 serves as a central computer. The system can work not only with a ES 1040 but also with a ES 1055 [3].

A programmable front-end processor MPD-4 (ES 8404) handles the communication between this host computer and the remote computers of the following types:

[1]) Anschrift: 7050 Leipzig, Permoserstr. 15

1) Small computer systems ROBOTRON 4200 and 4201,
2) CAMAC-processor systems,
3) Systems of the "SKR",
4) Computers of several manufactores with CAMAC.

All these computers are directly connected with experiments. In the computer network they serve for control of experiments and data preparation, while storage- and time intensive evaluate programme are running in the host computer. Besides this mass storages of the central computer are utilized as background storages for the experiment computers.

Except for the modem technique, CAMAC is used for data communication and computer linking. By the modem technique the number of computers that can be connected depends on the number of available interface units of the front-end processor, with CAMAC it is variable, but determined by the software.

As a result of the first stage of the realization of building the computer network, a time-dependent ESR-spectrometer with an KRS 4200 as experiment computer could be on-line coupled with the ES 1040. In the second stage CAMAC processor systems are connected with the central computer.

3. ROBOTRON 4200 as dialog terminal computer coupled with ES 1040

The small computer system R 4200, which can co-operate autonomously with the experiment equipment, works in connection with the ES 1040 as process-terminal computer in dialog remote data processing under the conditions of real-time data acquisition [4]. The experiment is the time-dependent ESR-spectroscopy, which serves at the investigation of radiation chemical primary process the proof of reactive intermediate products.

The data transmission control is realized by the interface unit AS 8 s, which is integrated in both the MPD-4 and the R 4200. Modems AM 1200 (ES 8006) are used for the serial transmission over a 4-wire-user-to-user connection. The transmission rate of 1200 bit/s is limited by the modems. In spite of this relative low speed a response time of the system for this remote data processing problem of only 30 seconds was reached.

With the help of a graphical display at the terminal computer the measured spectrums as well as those calculated in the central computer can be displayed simultaneously.

A basic access method and the extended access method ETOS were implemented to support the on line remote data processing on the ES 1040 [5]. The dialogable operating system DIAD 4200 which organizes the data aquisition, measuring value packing and display and, besides this suits scientific calculations, was developed at the ZfI for the R 4200 in 1975. This system was extended for the connection to the ES 1040 with a remote data process program.

4. CAMAC-processor systems as subsystems

A CAMAC-subsystem has basically to fulfill three functions:

- co-operation with the experiment,
- realization of the data transmission procedure in its functions as distributed intelligence,
- co-operation with the peripheral equipments.

Hardware and software were shaped according to these functions. The conception of the subsystems was at first realized in connection with a multi-channel analyzer-system 4 K (cf. scheme). The flexibility of the CAMAC-system allows the application for other problems, which are already planned, as for extending the use of existing programs, especially those for data transmission.

The heart of the subsystem is a complete CAMAC-microcomputer. A special interface unit was developed in the ZfI. It serving for the coupling with the multichannel analyzer in connection with input-/output registers. These serial CAMAC link modules KI 021, which were developed in the Joint Institute for Nuclear Research of Dubna, are used for this purpose.

The process-referred subsystem software realizes:

- block spectrum read-in taking into consideration the region of interest,
- code translation and -adaption,
- treatment of control data for the utilization,
- control of the run of the user programme on the ESER-computers,
- output of the results of the calculation of spectrums.

In the subsystem a special program, which realizes the data transmission procedure, described under section 5, according to a fixed communication protocol, is necessary for the date transmission and computer coupling. The data transferred from the subsystem to the ESER-computer are either measuring values or control values. In the opposite direction results and control values are transmitted.

5. Data transmission control procedure for CAMAC-subsystems

For data transmission and computer coupling between CAMAC subsystems, on the basis of mini- and microcomputers, and the ESER computers a data transmission control procedure was developed at the ZfI with following features:

- line control in contention mode,
- block transmission of the message,
- replay and alarm messages,
- transmission repetition and other treatment,
- possibility for the immediate route change.

No computer is appointed as a master station in the contention mode, each of them has to supervise the connection. The only restriction being that in order to make it ready for reception a teleprocessing program must be started in the central computer. It is possible that in an attempt to take the master status, in which either the ESER-computer or the subsystem can transmit, the situation may arise, that both want to transmit simultaneously. This contention condition is solved, when the subsystem is treated as primary station. The message, which must be transmitted, is shared in a sequence of blocks for the inquiry and treatment of transmission errors. During the transmission phase different reactions are possible in the reception station:

- The positive receipt leads either to further transmission or to regular termination of the transmission by the transmitting station.
- The immediate route change is likewise agreed as a positive receipt.

— The negative receipt takes place at a recognized data error and leads to multiple repetition of the transmitter.
— The absence of a receipt signal is interpreted as a negative receipt and a error treatment is started after the run of the time control.

Transparent mode as well as normed text mode are possible for the transmission by the blocks. For time and memory reasons in the ICC and because of the fact that the subsystem is predominantly programmed with ASC II code, the normed text mode was chosen for the present connection. The smallest transmittable item of data is a 16 bit word, consisting of two ASC II-characters.

The hard- and software extension of the front-end-processor was the precondition for the inset of CAMAC for data transmission. A Branch Driver AS 10 was integrated into the multiplexer for the connection of a crate with link modules. Besides this a CAMAC data transmission program was developed and implemented for the control program system of the MPD-4.

A two-party, cooperative, communication protocol was developed to control the transfer between CAMAC-subsystems on the basis of mini- and microcomputers and the ESER computer. Every experiment computer can be the primary station in the contention mode.

This system makes it possible to realize the principle of distributed intelligence in combination with CAMAC. The mini- and microcomputers connected with experiments work in dialogue under real-time conditions with ESER computers.

Received March 24, 1981
Accepted in revised form: May 6, 1981

References

[1] *P. H. Enslow*, Infotech State of the Art 1978, 141–159
[2] *B. Lindemann, R. Radmanesh*, Z. rechentechnik/datenverarbeitung 17 (1980) 9
[3] Robotron ES 1055. Z. rechentechnik/datenverarbeitung 16 (1979) Beiheft 2
[4] *B. Lindemann, H. Schulze, U. Hädrich, M. Remer, K. Friedrich*, Z. rechentechnik/datenverarbeitung 16 (1979) 8
[5] Leitzentrum für Anwendungsforschung dgr VVB MR Berlin. ETOS – Erweietrte Zugriffsmethode für DFV (1977)

The TLD-04B-TC Thermoluminescent Reader for Research and Routine Dosimetry Applications

B. Szabó, P. P. Szabó, S. Makra), J. Vágvölgyi**), J. Soós***)*

(Central Research Institute for Physics of the Hungarian Academy of Sciences, Budapest)[1]

A versatile TLD reader built from integrated circuits is described. The changeable heating drawers make it possible to evaluate a wide variety of TL materials with high precision. The reader's high sensitivity makes it especially useful for environmental and personnel monitoring; its heating parameters are changeable over a wide range enabling it to be used in TL research as well in routine measurements.

Keywords

dose range; gamma dosimetry; glow curve; readout systems; thermoluminescent dosemeters; thermoluminescent dosimetry

Introduction

Laboratories involved in research into thermoluminescence and/or small-scale TLD monitoring require multipurpose readers suitable for precise and routine measurements using a variety of materials. The evaluation of a TL material necessitates heating it and subsequently measuring the intensity of the light emitted, thus a TL reader is able to heat the material and measure the light intensity and/or the light sum, i.e. TLD measurements can be performed by measuring the peak height or the area of the glow curves. Research and development into TLD started in the Health Physics Department of the KFKI (Central Research Institute for Physics Budapest) in 1968; a new team was formed in the framework of the INTERCOSMOS cooperation of the Socialist Countries in 1970. The first production model, the TLD-03 reader [1], was developed in 1970–1972; improved versions, viz. the TLD-04 and TLD-04B and TLD-04B-TC were completed in 1975 and 1976 and 1977 respectively [2, 3]. The versatile TLD-04 reader family discussed here, is now being produced on a small scale, and is suitable for the evaluation of LiF, $CaSO_4$, BeO, Al_2O_3, thermoluminescent glass, etc., in the form of powder, discs, chips or blocks. The family is especially suitable for environmental monitoring, personnel, accident, space or clinical dosimetry.

[1]) Address: KFKI, 1525 Budapest 114, P. O. Box 49; present address: *) National Oncological Institute, Budapest – **) National Office of Measures, Budapest – ***) Technical University of Budapest

Description

The block diagram of the TLD-04B-TC reader (Fig. 1) illustrates that the construction is the same as that of the TLD-03 [1]. In the electrical circuits of the TLD-04B-TC several minor changes were made to improve its sensitivity and stability. Considerable improvement in stability was reached by including thermoelectric cooling of the photomultiplier tube-detector. This option can be incorporated into previously produced models, too.

Our aim was to develop a reader which is able to evaluate a wide variety of dosimeters and at the same time retain the precision of the heating cycle. To solve this problem the

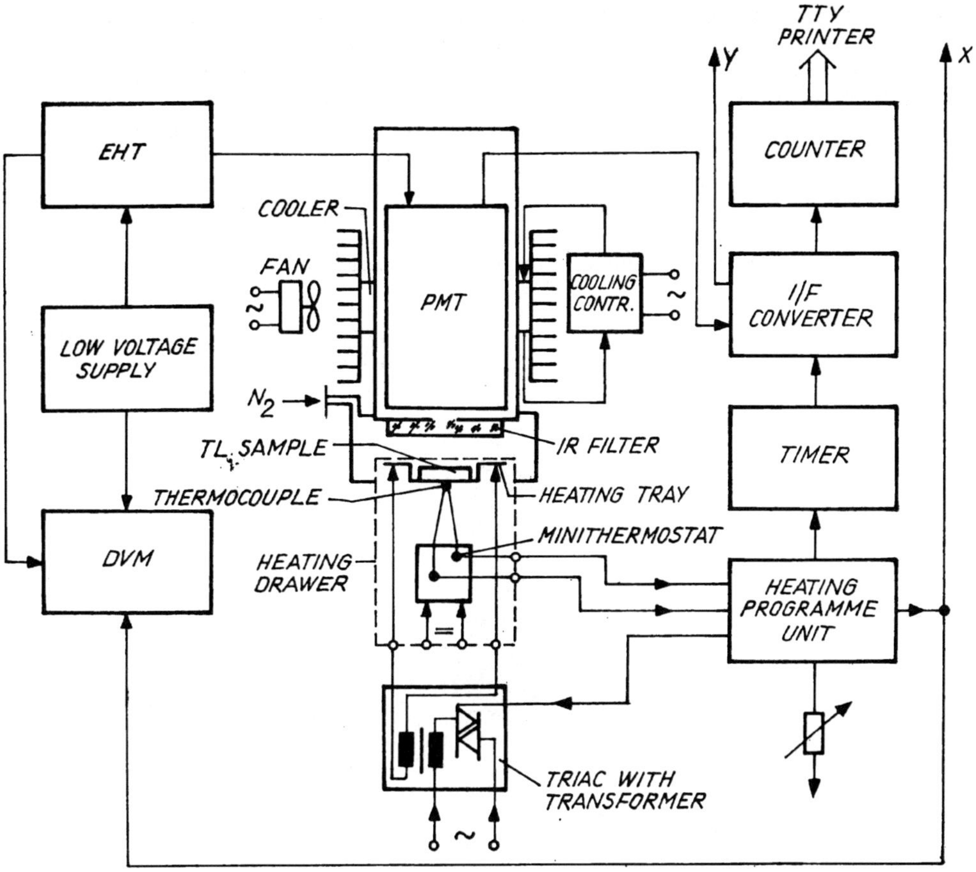

Abb. 1. Block diagram of reader

apparatus has two heating drawers. Each of these contains a heating element with a spot-welded thermocouple and a minithermostat to keep the cold end of the thermocouple at constant temperature. One of the drawers is for the evaluation of thermoluminescent glass dosimeter blocks, the other for powder or discs.

The glass blocks are heated from both sides, the emitted TL light being detected in a direction parallel with the heater's stainless steel strips (Fig. 2).

Powder and discs can be evaluated by being positioned on the stainless steel heating tray of the second drawer. This has a circular depression to accommodate discs having a

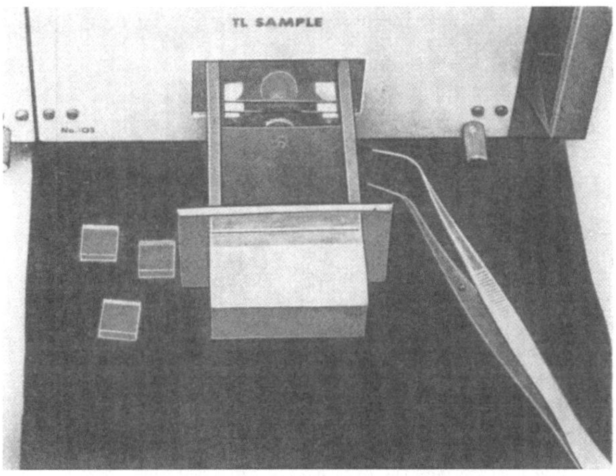

Abb. 2. Heating drawer for evaluation of rectangular glass block dosimeters

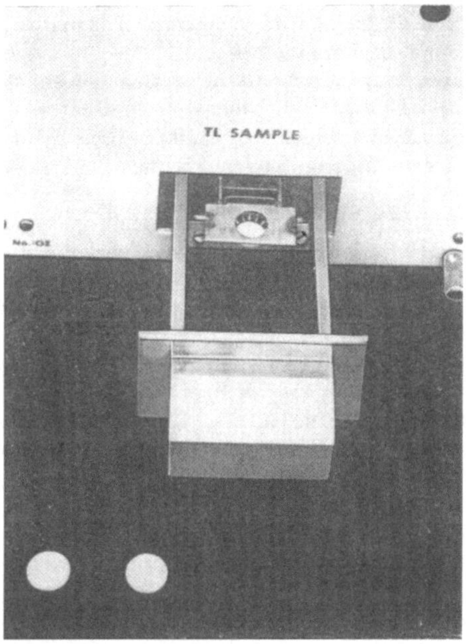

Abb. 3. Heating drawer for evaluation of loose powder and disc dosimeters. A diaphragm is mounted on top of the spring actuated ring.

maximum diameter of 12.7 mm. When using flexible teflon disc dosimeters, these can be pressed against the tray by a spring actuated ring in order to improve contact (Fig. 3). Nitrogen flushing is used to cool the photomultiplier tube and establish an inert atmosphere for the TL material in order to reduce spurious signals. The spot-welded

Ni—NiCr thermocouple provides voltage for the heating programme unit.

The heating profile is linear, with an adjustable end-temperature maximum of 500 °C and a warm-up time of 10—90 s; there is provision for 0—40 s hold temperature. There are two gates—adjustable temperature-wise—for starting and stopping the current integrator circuit. All five heating parameters can be set by front-panel controls. By means of proper start gate temperature setting, signals due to low teperature glow peaks can be eliminated (Fig. 4).

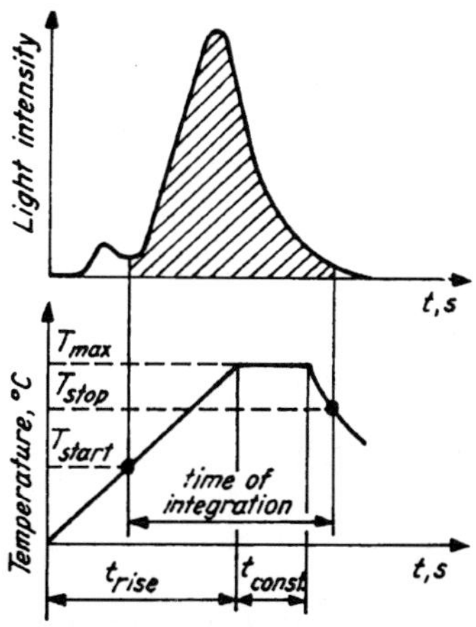

Abb. 4. Glow curve and temperature of heating element vs. time. Here, by means of T_{start} gate, the light signal from the low temperature glow peaks can be avoided.

The stop gate actuated in the descending part of the heating cycle is for the improvement of signal-to-black-body radiation background ratio.

The heating current is fed to the heating element through two flexible cables. After disconnecting a miniature connector and these cables, which can readily be done by unscrewing two large diameter screws, the heating drawer can be changed.

The heating programme unit generates a voltage which is compared to the signal of the thermocouple by a comparator switching on or off the primary coil of the heating transformer by means of a triac. On the front panel a flashing LED bulb "Heating Control" indicates every heating current pulse. The amplified voltage of the thermocouple is connected to the "X" terminal mounted on the back panel for glow curve plotting. The heating programme unit generates start and stop signals for switching the output of the current-to-frequency converter.

The TL light is detected by a high-sensitizity, low noise EMI 9844B type photomultiplier tube. A KG-1 type infrared filter glass reduces the thermal background originating from the TL samples and from the heated tray. The voltage of the photomultiplier can be varied from 500 to 1500 V enabling the system sensitivity to be varied over a wide range. The dark current of the photomultiplier tube can be compensated by a current generator. The intensity of the current can be varied by a helipot of 10 turns.

During the evaluation of a dosimeter, our reader automatically measures the area below the glow curve in digital form and at the same time provides a signal for the glow curve recording. The output signal of the photomultiplier tube is fed to a current-to-frequency converter. The converter generates pulses with a frequency proportional to the current flowing to the converter.

The response of the converter is linear within 5 orders of magnitude of current. The pulses are integrated by a six decade counter. The pulses are simultaneously fed to a ratemeter for glow curve plotting. There is an option for teletype-printing out the content of the counter.

The reader (Fig. 5) is equipped with a four digit voltmeter indicating the heating tray temperature calibrated in degrees centigrade or measuring the value of the high voltage.

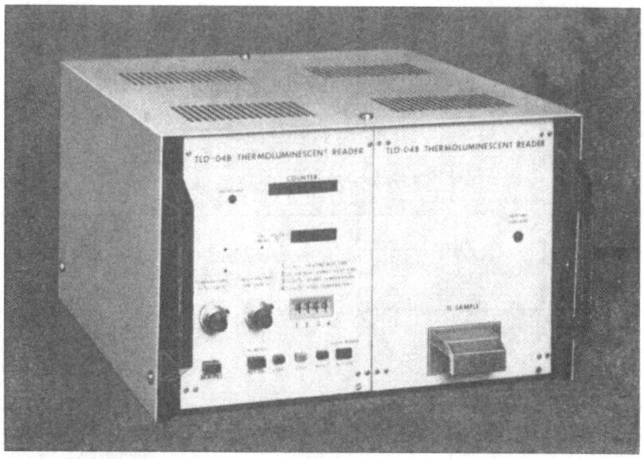

Abb. 5. Illustration of the TLD-04B reader

Measuring capabilities

The TLD-04B-TC reader is suitable for the evaluation of different TL detectors, irradiated with doses in the range of 5 µGy — 10^3 Gy. Reproducibility of the measurements reaches 1—5% [4; 5]. Examples of its precision and low-dose measuring capabilities are given in Fig. 6—8. Glow curves of $CaSO_4$:Dy powder irradiated by 20 µGy are shown in Fig. 6 [6; 7]. The glow curve of Mg_2SiO_4:Tb irradiated by 5 µGy can be seen in Fig. 7.

The reproducibility of the reader is better than ±0 8% with a standard light source. When evaluating TL dosimeters, the effect of the low temperature peaks (fading) can be eliminated with the help of the *T*start switch (Fig. 8). Here, the readings of the $CaSO_4$:Dy five minutes or four months after the irradiation differ from each other by 2—3% only. This *T*start serves the same purpose as the preheating in some instruments (e.g. Victoreen 2800, Teledyne 7300).

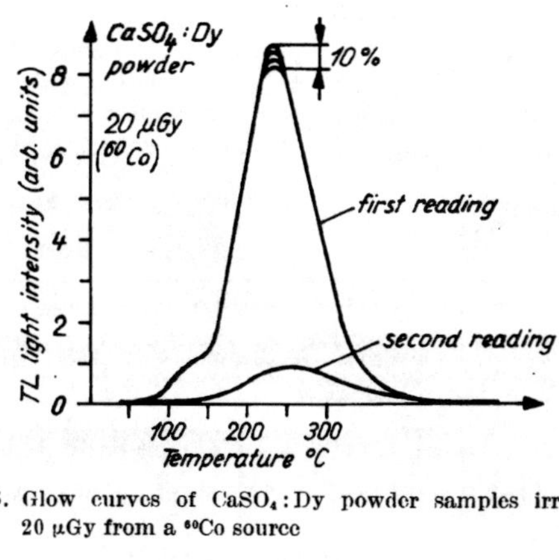

Abb. 6. Glow curves of $CaSO_4$:Dy powder samples irradiated with 20 µGy from a ^{60}Co source

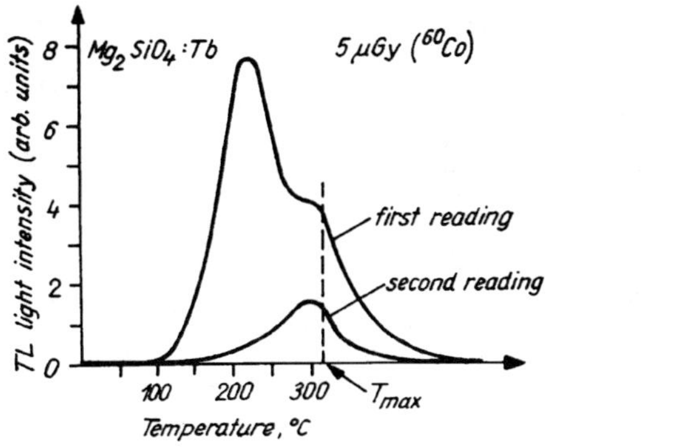

Abb. 7. Glow curve of Mg_2SiO_4:Tb, irradiated with 5 μGy from a ^{60}Co source

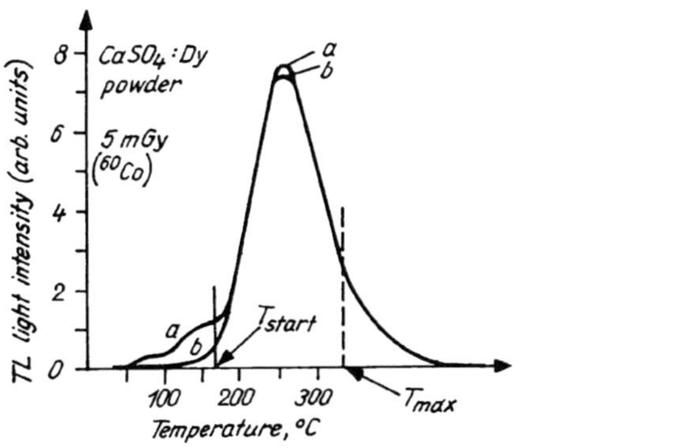

Abb. 8. Glow curves of $CaSO_4$: Dy,

(a): five minutes, and (b): four months after exposure. Exposures was 5 mGy by a ^{60}Co source. The difference between reading was only 2 – 3 %; without the T_{start} gate it would be 12 – 15 %.

The high maximum heating temperature makes possible the evaluation of, for example, BeO ceramic dosimeters [8], or pottery samples used in archeological dating.

The temperature stability of the apparatus – as measured during intensive utilization – is shown in Fig. 9. The lower part of the figure demonstrates the number of measurement per hour. During measurements the sensitivity of the system was controlled by a stable light source. The changes in sensitivity are shown in the upper part of the figure; the results clearly show that even at maximum utilization the deterioration of sensitivity is only 2·5% due to the temperature stabilization, whereas without it, this might reach a value of 10%.

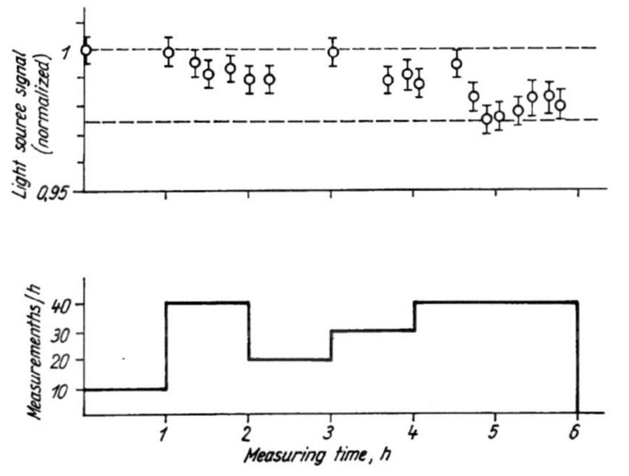

Abb. 9. Temperature stability of TLD-04B-TC during intensive utilization

Technical Data

1. *Heating programme*

   Temperature: 50 – 500 °C ± 2%, continously adjustable by a helipot of 10 turns
   Warm-up time: 10 – 90 s ± 5%, variable in 10 s steps; or heating rate is optional and variable in 10 steps in the range of 2 – 50 °C/s
   Constant heating time: 0 – 40 s ± 5%, adjustable in 5 s steps and infinite long heating
   Scaler start temperature: 0 – 180 °C ± 5%, variable in 20 °C steps in the heating period
   Scaler stop temperature: 0 – 500 °C ± 5%, adjustable in 50 °C steps in the cooling or in the heating period

A flashing LED indicates the heating period

2. *High voltage*

   Voltage range: 500 – 1500 V, continuously variable by a helipot of 10 turns
   Stability: ± 0·01%/8 h at ambient temperature
   Noise: less than 100 mV at 1500 V and 2 mA
   Temperature stability: better than ± 0·005%/°C
   Maximum output current: 2 mA

3. *Current-to-frequency converter*

   Range: 10 pA – 2 μA
   Linearity: better than ±1%
   Temperature stability: better than ±0·1%/°C
   Built in dark-current compensation circuit, glow output range switch and LED for overflow indication

4. *Overall stability*: better than –2%/8 h 150 measurements/8 h
   Reproducibility with light source calibration: better than ±0·8%
   Photomultiplier: EMI 9844B (Bialkali cathode)
   Overall temperature 20 °C ± 0·5 °C

5. *Displays*: 6 decade LED display for the TL light integration
   4 decade LED display for indicating the high voltage or the temperature of the tray
   Linear output for *X*-Y or *X*-time plotter
   BCD or TTY serial output for printer is optional
   Gas inlet for inert atmosphere

6. *Measurable TL materials*: LiF, $CaSO_4$:Dy, MgSiO : Tb, BeO, $Li_2B_4O_7$, Al_2O_3, quartz, TL glass and other TL materials in the form of discs, powder, chips or blocks

7. *Measurable doses* for example: 5 μGy – 10^2 Gy with $CaSO_4$:Dy
   10 μGy – 10^2 Gy with LiF
   5 mGy – 10^3 Gy with BeO

8. *Accuracy*: ±1 – 2% with LiF powder above 2 mGy or with $CaSO_4$:Dy powder above 200 μGy
   ±5 – 8% with LiF or $CaSO_4$:Dy teflon discs

9. *Dimensions*: 390 mm × 240 mm × 330 mm

10. *Mass*: 12 kg

11. *Power*: 200 VA (220 V, 50 Hz)

TLD reader's production

A new version of the TLD-04B-TC is produced by the Technical Department of the Central Research Institute for Physics under the name NHZ 203 and NHZ 204. The main technical parameters of these readers are the same.

Acknowledgements

Thanks are due to *I. Fehér* and *S. Deme* for their help and advice, to *F. Tóbisch* for participating in the mechanical construction of the reader; to *M. Tonelli*, *J. Fontányi*, *A. Kálmán*, *P. Reischl* for their help in building the reader, and to *M. Dobrocsi* for assistance in with the measurements.

Received March 4, 1981

References

[1] *B. Szabó, P. P. Szabó, S. Makra, J. Vágvölgyi, J. Soós*, The TLD-03 Thermoluminescent Dosimetry Reader. KFKI-74-86 report, Budapest 1974 (*in Hungarian*)

[2] *B. Szabó, P. P. Szabó, S. Makra, J. Vâgvölgyi, J. Soós*, The TLD-04B Thermoluminescent Reader for Research and Routine Dosimetry Applications. KFKI-1977-33 report, Budapest 1977

[3] *B. Szabó, P. P. Szabó, Zs. Makra, J. Vâgvölgyi, J. Soós*, Izotóptechnika, **21** (1978) 380 (*in Hungarian*)

[4] *Ж. Макра, П. П. Сабо, Л. Бенкё, Т. Биро:* Опыт применения индивидуалных дозиметров, основывающихся на плёночных и термолюминесцентных дозиметрах. · Сборник докладов Новые методы индивидудльной досиметрии, Прага 1977, 84.

[5] *S. Makra*, Izotóptechnika **21** (1978) 96 (*in Hungarian*)

[6] *P. P. Szabó*, Investigation of Properties of $CaSO_4$:Dy TL Dosimeters. KFKI-75-1 report, Budapest 1975

[7] *S. Deme, P. P. Szabò*, Environmental Monitoring by $CaSO_4$:Dy TL Dosimeters KFKI-76-9 report, Budapest 1976

[8] *L. Lakosi, P. P. Szabó, S. Makra*, BeO as a Thermoluminescent Dosimeter KFKI-75-10 report, Budapest 1975

Radioaktive Zwischenprodukte bei der Photolyse des Systems [1—^{14}C] Tributylzinnoxid/Cellulose

D. Klötzer

(Zentralinstitut für Kernforschung Rossendorf der AdW der DDR, Bereich Radioaktive Isotope)[1])

Als wichtiger Schritt der Wechselwirkung zwischen der Matrix und dem dort applizierten Biocid beim photochemischen Abbau des Systems [1-^{14}C] Tributylzinnoxid/Cellulose wurde die Bildung von [1-^{14}C]Tributylstannylcelluloseethern erkannt. Die photochemische Präparation von Bis-[1-^{14}C]Tributylstannyl-glucoseether wird beschrieben.

Keywords

carbon 14; cellulose; decomposition; organic tin compounds; photolysis; ultraviolet radiation

Übersichtsarbeiten von *G. J. M. van der Kerk* [1], *A. Bokranz* und *H. Plum* [2], *P.* und *L. Smith* [3], *U. Thust* et al. [4] informieren u. a. über die anwendungsseitige und damit ökonomische Bedeutung von Tributylzinnoxid für die biocide Ausrüstung cellulosischer Materialien (Holzschutz, Schleimbekämpfung bei der Papierfabrikation, Desinfektion, bakteriostatische und fungistatische Ausrüstung von Textilien).

In den letzten Jahren wurden einige Arbeiten veröffentlicht, die sich mit photochemischen [5—8] und biologischen [9] Vorgängen am System Tributylzinnoxid/Cellulose beschäftigen und Anlaß zu einer differenzierteren Betrachtungsweise hinsichtlich der erwünschten biociden Langzeitwirkung (Stabilität des Systems Tributylzinnoxid/Cellulose) geben.

Der Hinweis [5], daß sich die Photolysegeschwindigkeit von [1-^{14}C] Tributylzinnoxid bei Kopplung an Cellulose beträchtlich erhöht, führte zu Untersuchungen über die Abhängigkeit des photochemischen Abbaus dieser Organozinnverbindung vom Matrixmaterial, auf das sie appliziert wurde [6]. Während sich anorganische Adsorbentien in dieser Hinsicht als inert erwiesen, führte die Kopplung von [1-^{14}C] Tributylzinnoxid an eine poly- oder monosaccharidische Matrix bei UV-Bestrahlung in jedem Falle zur Erhöhung der Photolysegeschwindigkeit von [1-^{14}C] Tributylzinnoxid. Ursache dafür sind photochemische Prozesse, die sich in der Matrix abspielen und im Falle der Cellulose von *N.-S. Hon* [10, 11] als Depolymerisation, Dehydrierung, Dehydroxylierung und Dehydroxymethylierung beschrieben werden. Die Initiierung dieser 4 Reaktionstypen ist abhängig von den Wellenlängenbereichen des einwirkenden UV-Lichtes. Depolymerisation und Dehydrierung werden ausgelöst von UV-Strahlung der Wellenlängen $\lambda \leqq 340$ nm. Für die Dehydroxymethylierung (zwischen den C-Atomen 5 und 6 der Glucose-Einheiten) ist UV-Einwirkung der Wellenlängen $\lambda \leqq 280$ nm erforderlich. Dehydroxylierung findet nur in photosensibilisierter Cellulose statt. Als Sensibilisatoren wirken z. B. Spuren von Übergangsmetallen in der Cellulose, die die Auslösungsgrenze für Depolymerisation, Dehydrierung und Dehydroxylierung auf Wellenlängenbereiche $\lambda > 340$ nm hinausschieben. Bei Anwesenheit von Fe^{3+}-Ionen in der Cellulosematrix erhöht sich z. B. im Spektralbereich 300—370 nm die Photolysegeschwindigkeit von auf die Matrix appliziertem [1-^{14}C] Tributylzinnoxid signifikant [8].

Die in der Matrix photochemisch erzeugten reaktionsfähigen Spezies treten mit [1-^{14}C] Tributylzinnoxid bzw. dessen primären Photolyseprodukten in Wechselwirkung. So konnte mit Hilfe der Radiogaschromatographie n-[1-^{14}C] Butan als flüchtiges Photolyseprodukt nachgewiesen werden [7]. Da sich die n-[1-^{14}C] Butylradikale im wesentlichen durch Reaktion mit Wasserstoff (primäres Photolyseprodukt der Cellulose) zu n-[1-^{14}C] Butan stabilisieren, spielt die Dimerisierung zu n-[^{14}C] Octan nur eine untergeordnete Rolle. Die Photolyseprozesse in der Cellulosematrix liefern neben den kurzlebigen Spezies auch langlebige cellulosische Makroradikale, von denen man Wechselwirkungen mit der Organozinnkomponente erwarten darf. Um die Vielzahl der Möglichkeiten zunächst einzuschränken, wurde versucht, photochemische Zwischenprodukte

[1]) Anschrift: 8051 Dresden, Postfach 19

durch Umsetzung von Glucose mit [1-^{14}C] Tributylzinnoxid zu gewinnen.

Experimentelles

Ansatz: 631,6 mg [1-^{14}C] Tributylzinnoxid
759,4 mg Glucose
5 ml Benzen

Reaktionsbedingungen: Quarzapparatur, UV-Quelle UVS 125, Turbulenz, Bestrahlungszeit von 12 h

Aufbereitung: Filtration, Einengen der benzenischen Lösung auf 50% des Volumens, nochmalige Filtration, Entfernung des Lösungsmittels im Vakuum

Ausbeute: 56%, bezogen auf eingesetztes [1-^{14}C] Tributylzinnoxid. Erhalten wurde ein zähflüssig-öliges Produkt.

Analyse: Radiodünnschichtchromatographie, IR-Spektroskopie, Neutronenaktivierungsanalyse (Sn-Bestimmung), Elementaranalyse (Kohlenstoffbestimmung)

Ergebnisse und Diskussion

Radiodünnschichtchromatographie: Das photochemische Reaktionsprodukt erwies sich als [1-^{14}C] Tributylzinnverbindung.

IR-Spektroskopie: Der Vergleich der Spektren von UV-bestrahlter Glucose, von Tributylzinnoxid und des photochemischen Reaktionsproduktes ergab folgendes:

1. Die für Tributylzinnoxid charakteristischen Sn-O-Banden bei 770 und 790 cm^{-1} fehlten im Spektrum des Photoproduktes.
2. Im Spektrum des Photoproduktes wurde eine neue Bande bei 510 cm^{-1} gefunden, die für Verbindungen des Typs R_3SnOR' typisch ist.
3. Die in der IR-Region 900–1200 cm^{-1} auftretenden Banden im Spektrum des Photoproduktes unterscheiden sich von denen der UV-bestrahlten Glucose und sprechen somit für eine Sauerstoffbrücke zwischen Sn- und C-Atomen.

Elementaranalyse/Neutronenaktivierungsanalyse [12]:

	theoretisch	gefunden
Kohlenstoffgehalt	47,5%	47,5%
Zinngehalt	31,4%	30,6%

Die photochemisch präparierte Verbindung erwies sich als Bis{[1-^{14}C] Tributylstannyl}-glucoseether

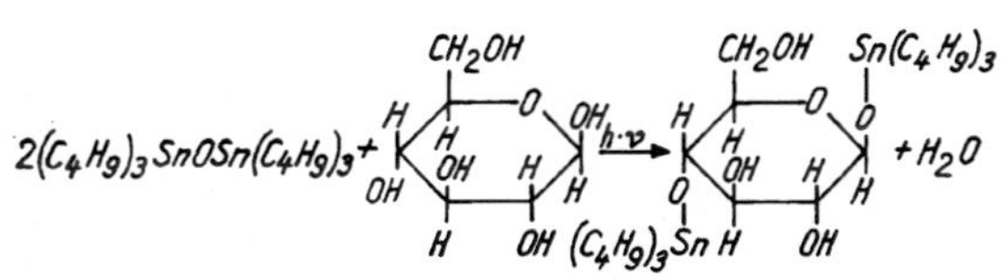

Bei IR-Analysen von UV-bestrahlten Proben des Systems [1-^{14}C] Tributylzinnoxid/Cellulose wurde neben der charakteristischen IR-Bande bei 510 cm^{-1}, die für das Vorliegen von [1-^{14}C] Tributylstannylcelluloseethern spricht, auch eine Bande geringerer Intensität bei 600 cm^{-1} gefunden, die auf die Anwesenheit einer Komponente des Typs $R_2Sn(OR')_2$ hinweist — also Dibutylstannylglucoseether. Eine chromatographische Trennung aller photochemisch erzeugten Komponenten gelang nicht.

Aus den Ergebnissen darf man folgern, daß der photochemische Abbau des Systems [1-^{14}C] Tributylzinnoxid/Cellulose über [1-^{14}C] Tributylstannylcellulose- bzw. -glucoseether verläuft.

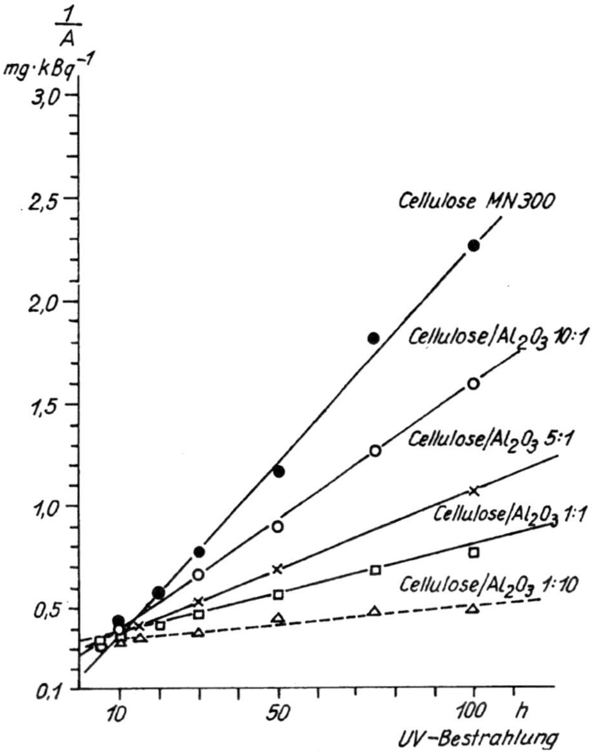

Abb. 1. Photolyse des Systems [1-^{14}C] Tributylzinnoxid/Cellulose mit Aluminiumoxidgradienten

Bestrahlungsbedingungen: 6 mW/cm^2 (Xenonlampe), 45 °C, Luftatmosphäre; A = Radioaktivitätsgehalt in kBq · mg^{-1}

Versuche, bei denen ein Aluminiumoxidgradient in die Cellulosematrix eingeführt wurde (Abb. 1), bewiesen, daß die Photolysegeschwindigkeit des ^{14}C-markierten Tributylzinnbiocids von der Cellulosekonzentration in der Matrix abhängig ist [6] und bestätigen somit die folgende Kausalkette: UV-Absorption durch die Cellulosematrix-Depolymerisation des cellulosischen Makromoleküls — Bildung von [1-^{14}C] Tributylstannylcellulose- bzw. -glucoseethern — stufenweise Abspaltung von [1-^{14}C] Butylradikalen, die sich mit Wasserstoff, erzeugt durch Dehydrierung am Cellulosemolekül, zu n-[1-^{14}C] Butan stabilisieren.

Eingegangen am 8. 4. 1981

Literatur

[1] *G. J. M. van der Kerk*, Chemiker-Ztg. **99** (1975) 26
[2] *A. Bokranz, H. Plum*, „Techn. Herstellung und Verwendung von Organozinnverbindungen", Mitteilung d. Fa. Schering AG, 1975
[3] *P. Smith, L. Smith*, Chem. Brit. **11** (1975) 208

[4] U. Thust, H. Wigert, H.-D. Pfeiffer, H. Schwotzer, Chem. Techn. 29 (1977) 671
[5] D. Klötzer, U. Thust, Chem. Techn. 28 (1976) 614
[6] D. Klötzer, Isotopenpraxis 15 (1979) 16
[7] D. Klötzer, H. Görner, K.-H. Heise, Isotopenpraxis 15 (1979) 134
[8] D. Klötzer, Isotopenpraxis 16 (1980) 56
[9] A. Braverey, N. Parameswara, W. Liese, Material und Organismen 10 (1975) 31
[10] N.-S. Hon, J. Polym. Sci., Polym. Chem. Ed. 13 (1975) 1347
[11] N.-S. Hon, J. Polym. Sci., Polym. Chem. Ed. 14 (1976) 2497
[12] D. Klötzer, Publikation in Vorbereitung

Gezielte ^{15}N-Anreicherung von organischen Düngemitteln für Versuchszwecke

2. Mitt.: Herstellung von ^{15}N-markierter Gülle

H. Peschke

(Sektion Pflanzenproduktion der Humboldt-Universität zu Berlin)[1]

Durch Verfütterung ^{15}N-markierter Futtermittel mit durchschnittlich 15,26 Atom-% Überschuß in zwei Portionen als eine Tagesration an ein laktierendes Rind werden Höchstwerte im Harn von 5,31 und im Kot von 7,36 Atom-% ^{15}N-Überschuß erreicht. Die Hauptmasse des ^{15}N wird am 2. bis 4. Versuchstag ausgeschieden. Es werden drei Möglichkeiten der Güllebereitung diskutiert und mehrere Güllemuster mit unterschiedlichen Parametern vorgestellt. Die Schlußfolgerungen beziehen sich auf die Gewinnung und Anwendung von ^{15}N-Gülle.

Keywords

agriculture; cows; excretion; fertilizers; forage; labelling; nitrogen 15

1. Einleitung

In der 1. Mitteilung (*Peschke* [1]) wurde bereits auf die Bedeutung der organischen Düngung und auf Probleme des Gülleeinsatzes hingewiesen. Infolge der sehr komplexen N-Dynamik im Boden läßt sich die N-Wirkung einer Gülledüngung nicht exakt abgrenzen. Erst die Verwendung ^{15}N-markierter Kot-Harn-Gemische als Tracer gibt einen tieferen Einblick in das N-Umsetzungsgeschehen des Systems Boden — Pflanze. Allerdings ist die Herstellung und der Gebrauch einer solchen Gülle sehr aufwendig und schließlich ^{15}N-defizitär, da sich Verdünnungen und Verluste nicht umgehen lassen ([2]).

2. Versuchsplanung

Für die Durchführung eines ^{15}N-Fütterungsversuches waren vorab zwei Entscheidungen, die Wahl der Tierart und die Zufütterungsform, zu treffen. Mengenmäßig hat Rindergülle die größte Bedeutung. Um auch den ^{15}N-Abgang über die Milch zu berücksichtigen, wurde ein laktierendes Rind als Versuchstier ausgewählt. Da die Gülleerzeugung das Hauptziel des Experiments war und tierphysiologische Untersuchungen zurückstanden, waren andere Wiederkäuer (Schaf [3], Ziege [4]) ohne Interesse. Dem Primat einer praxisvergleichbaren Kot- und Harnqualität hatte sich auch die ^{15}N-Zuführung unterzuordnen. Deshalb wurden keine technisch leichtherstellbaren ^{15}N-markierten Futterzusätze [5—7] oder einzelne ^{15}N-angereicherte Futterkomponenten [8] herangezogen, sondern eine komplette Tagesfutterration mit angereichertem ^{15}N-Überschuß [1] eingesetzt. So konnte mit den ermittelten nuklidischen Verhältnissen in den Exkrementen eine wahrscheinlichste Entsprechung zu der natürlichen Kot-Harn-Zusammensetzung erwartet werden.

[1]) Anschrift: 1040 Berlin, Invalidenstr. 42

Als Versuchstier wurde eine zehnjährige laktierende Kuh der Rasse Schwarzbuntes Niederungsrind in einem separaten Raum eingestallt. Dieser Stall war technisch so eingerichtet, daß genaue Werte des Futterverzehrs festgestellt und der Kot- und Harnanfall quantitativ ermittelt werden konnten. Auf die während der Versuchszeitspanne vorliegende tägliche Milchleistung zwischen 7 und 9 kg bei einem Fettgehalt von 5,0% war die Futterration bezogen. Die Futtermasse der stabilisotopmarkierten Futterstoffe betrug 30,8 kg Futterrüben, 1,7 kg getrocknetes Rübenblatt, 2,95 kg Heu, 2,6 kg Stroh und 2,7 kg Haferschrot. Insgesamt wurden 41,6 g ^{15}N angeboten. Die Futtermengen der Vor- und Nachfütterungstage waren, ausschließlich 1,35 kg Getreide und dem Rübenblatt, gleich. Weitere Einzelheiten sind bei *Peschke* und *Püschner* [9] sowie *Peschke* [1] mitgeteilt.

3. Versuchsergebnisse

Während der 10 Tage lang nach der Verfütterung der ^{15}N-angereicherten Materialien durchgeführten exakten Kot- und Harnaufnahme betrug der durchschnittliche tägliche Gülleanfall 42,27 kg (Tab. 1). Die Variation der Kotmenge wurde durch unterschiedliche, bis zur Sättigung verabfolgte Strohmasse und die Streuung der Harnmengen durch einen differierenden Wasserverbrauch verursacht.

Tab. 1. Kot- und Harnanfall

	Einheit	Kot	Harn
Täglicher Anfall[1])	kg	21,45	20,82
Standardabweichung s	kg	$\pm 3{,}46$	$\pm 3{,}73$
Variationskoeffizient s	%	16,1	17,9
Verhältnis zum Tiergewicht[2])	%	4,04	3,92

[1]) im Mittel von 10 Tagen
[2]) 531 kg Lebendmasse

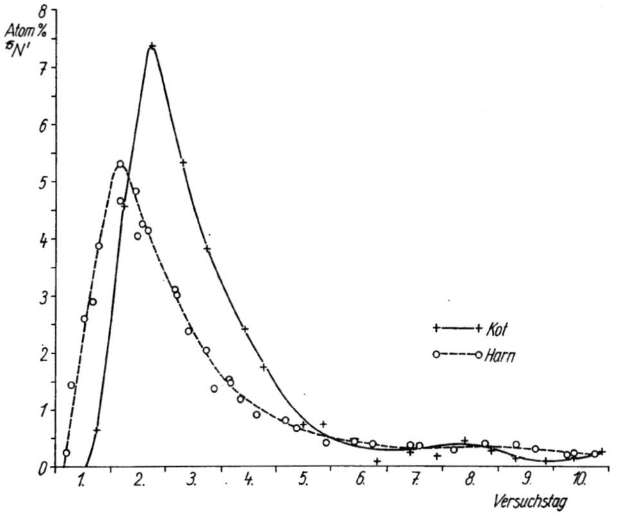

Abb. 1. Atom-% ^{15}N-Überschuß in Kot und Harn

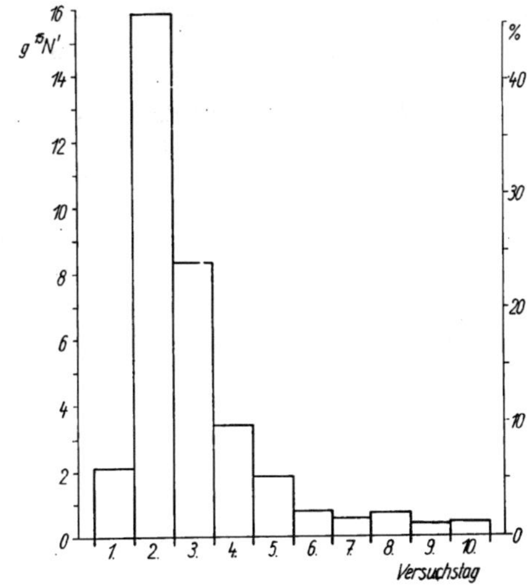

Abb. 3. Täglicher ^{15}N-Ausstoß (Kot und Harn)

Am ^{15}N-Futtertag erhielt das Tier in zwei Portionen ein Futterangebot von 12,96 kg Trockenmasse mit durchschnittlich 15,26 Atom-% ^{15}N-Überschuß. Der erste markierte Stickstoff war schon am gleichen Tag, und zwar zunächst im Harn, festzustellen (Abb. 1, Detailangaben siehe [9]). Der ^{15}N-Gipfelwert im Harn wurde mit 5,31 Atom-% ^{15}N nach einer Harnakkumulation über Nacht am folgenden Morgen um 4 Uhr nach dem Aufstehen des Tieres analysiert. Bereits die nächste Harnprobe von 5^{20} Uhr hatte nur noch einen Überschuß von 4,63 Atom-% ^{15}N. Der ^{15}N-Peak der Kotproben lag zeitlich verschoben, erreichte aber einen Höchstwert von 7,36 Atom-% ^{15}N. Da es sich dabei um eine Sammelprobe von sechs Kotausfuhren des Zeitraumes 10^{30} bis 18^{15} Uhr des zweiten Versuchstages handelt und die Werte der vorhergehenden und nachfolgenden Probe 4,58 bzw. 5,30 Atom-% ^{15}N betragen, muß die tatsächliche Spitzenmarkierung $>$7,36 Atom-% sein. Aus dem Kurvenverlauf geht eindeutig hervor, daß der Futterdurchgang mehrere Tage benötigt, was u. a. zu der ^{15}N-Verdünnung beiträgt.

Ebenso wie die Maximalvariante der relativen Isotopenverschiebung ist der größte Ausstoß der absoluten ^{15}N-Mengen über Kot und Harn am Tage nach der Tracerverfütterung zu finden. Das verdeutlicht die kumulative Aufrechnung der ^{15}N-Masse (Abb. 2). Die Halbwertszeiten der Gesamtausscheidung liegen sowohl beim Harn als auch beim Kot noch innerhalb des 2. Versuchstages. Aus der Darstellung des täglichen ^{15}N-Gewinns (Abb. 3) geht hervor, daß sich vor allem die Partien des 2. bis 4. Versuchstages für die Herstellung markierter Gülle eignen. Werden die Erwartungswerte niedriger angesetzt, dann können die Kot- und Harnproben des 1. und 5. Tages gesondert oder insgesamt mit einbezogen werden. Tatsächlich werden in den ersten fünf Tagen 92,8% des Kot- ^{15}N und 89,0% des Harn-^{15}N des im zehntägigen Versuch ermittelten ^{15}N erfaßt.

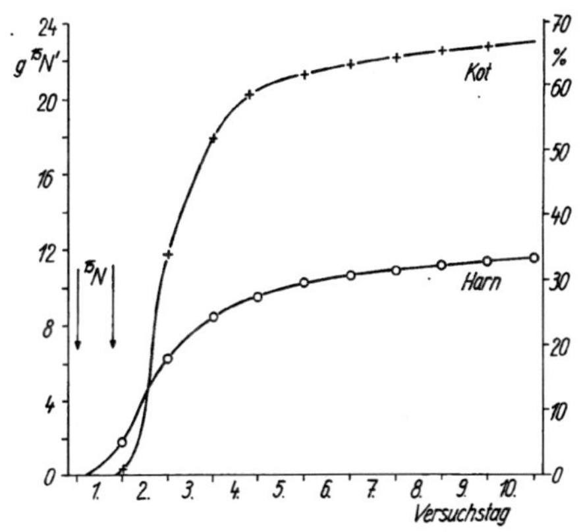

Abb. 2. Kumulative ^{15}N-Ausscheidung in Kot und Harn

Für die Güllebereitung sind grundsätzlich drei Möglichkeiten gegeben:

(1) Die Kot- und Harnmengen des 2.–4., bzw. 1.–5. Versuchstages werden gemischt. Damit wird eine gute Durchschnittsqualität erreicht, jedoch gleichzeitig die relative ^{15}N-Häufigkeit durch die niedrigeren ^{15}N-Werte der Anfangs- und Endproben gesenkt. Der Arbeitsaufwand ist gering.

(2) Der Anfall an Exkrementen wird zeitlich aufgeteilt. In diesem Fall werden Chargen mit unterschiedlichem ^{15}N-Gehalt produziert, d. h. auch mit relativ hohen ^{15}N-Anreicherungen. Zu beachten ist aber, daß die ^{15}N-Häufigkeit in Harn und Kot phasenverschoben vorliegt und sich deshalb das zeitbezogene Verhältnis der ^{15}N-Menge beider Komponenten ändert. Abb. 4 gibt diese Relation wieder. Mengenmäßig bedeutungsvoll ist die erste Hälfte dieser Beziehung. Am Anfang ist Harn-^{15}N überbetont, ab 2. Versuchstag ist Kot-^{15}N stärker gewichtet. Für die Güllequalität und -wirkung sind diese Verhältnisse außerordentlich relevant.

(3) Es werden aus dem Sortiment der Kot- und Harnproben jeweils hoch-, mittel- und niedrigangereicherte

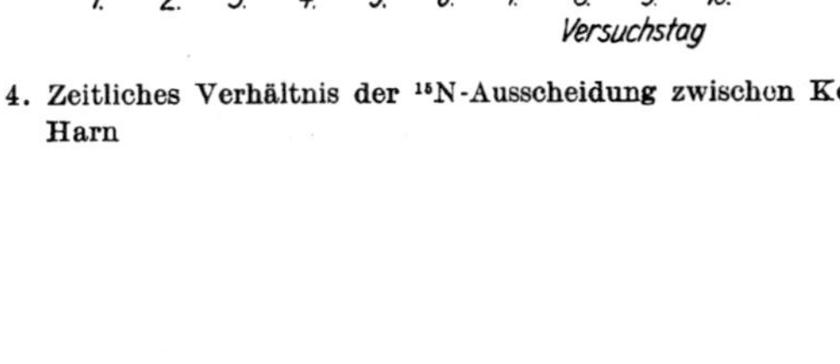

Abb. 4. Zeitliches Verhältnis der ^{15}N-Ausscheidung zwischen Kot und Harn

Muster, unabhängig von ihrem zeitlichen Ausstoß, gemischt. Diese Verfahrensweise sichert besonders hohe Markierungswerte.

Im vorliegenden Versuch wurde die dritte Variante gewählt, um zunächst hochmarkierte Partien auszusondern und um im weiteren Gülleportionen mit einer differenziert abgestuften ^{15}N-Häufigkeit herzustellen (Tab. 2). Die Modellgülle G1 mit 5,82 Atom-% ^{15}N-Häufigkeit resultiert aus den jeweiligen Spitzenbereichen der ^{15}N-Werte des Kotes und des Harns vom Versuchstag nach der ^{15}N-Verfütterung. Die Charge G3 beinhaltet die vorhergehenden und nachfolgenden Teilproben, während G4 und G6 aus Material des sich anschließenden Exkrementenanfalles bestehen. Bei der Mischung wurde das durchschnittliche Kot: Harn-Verhältnis berücksichtigt. Infolge der höheren ^{15}N-Werte im Kot gegenüber der Markierung im Harn ist der Atom-% ^{15}N-Überschuß im löslichen Stickstoffgehalt deutlich niedriger als im N_t-Gehalt. Insgesamt erlaubt die Fraktionierung der Gülle einen effektiven und gezielten Einsatz. Die Gülle G1 sowie G3 und G4 wurden für Mikroparzellenversuche im Freiland verwendet, während die relativ gering angereicherte Gülle G6 auf Grund der besseren Ausnutzungsraten noch für Gefäßversuche im Gewächshaus sowie für Inkubationsversuche geeignet ist.

Tab. 2. Parameter von Modellgülle

	G1	G3	G4	G6
Kotanteil, %	51,0	51,9	52,5	44,5
Harnanteil, %	49,0	48,1	47,6	55,5
Trockenmasse, %	9,0	6,8	10,1	9,4
N_t, %	0,43	0,43	0,34	0,445
NH_4-N, %	0,207	0,195	0,102	0,198
NH_4-N in % zu N_t	48,1	45,4	30,0	44,5
$^{15}N_t$-Atom-% Überschuß	5,45	3,59	3,34	0,82
$^{15}N_{lösl.}$-Atom-% Überschuß	4,75	2,87	2,86	0,62

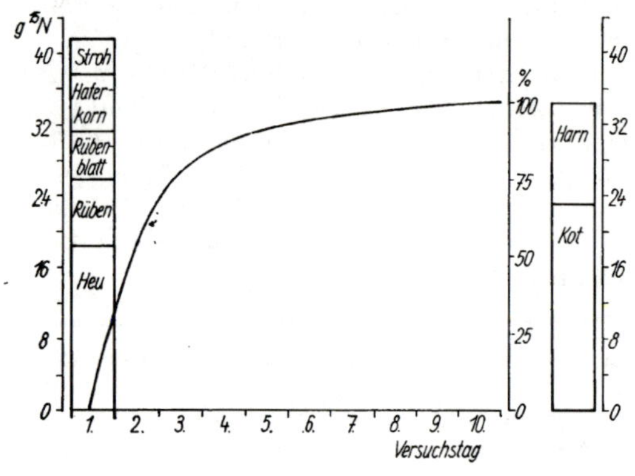

Abb. 5. ^{15}N-Aufnahme und -Ausscheidung

In Abb. 5 sind abschließend die Input- und Output-Größen graphisch dargestellt. Bei annähernd gleichem Kot- und Harnanfall und einem Verhältnis Kot-N:Harn-N von 62:38 beträgt das Verhältnis Kot-^{15}N:Harn-^{15}N summarisch nach 10 Versuchstagen 67:33. Allerdings kann nicht die gesamte ^{15}N-Menge von 34,49 g zur ^{15}N-Gülleproduktion verwendet werden. Deshalb sind in die Berechnung der ^{15}N-Verwertung (Tab. 3) nur die ^{15}N-Mengen des 1. bis 5. Versuchstages aufgenommen worden. Die angegebenen Kosten pro Einheit ^{15}N beziehen sich ausschließlich auf den finanziellen Aufwand für den Kauf des Ammoniumnitrats und beinhalten nicht die Futtererzeugungskosten und die Kosten für die Durchführung des Fütterungsversuches.

Tab. 3. Verwertung des markierten Stickstoffs

Verwertungsziel	g ^{15}N	M/g ^{15}N
Mineraldünger-^{15}N [1])	105,50	646,–
Futtermittel-^{15}N	44,00	1550,–
Gülle-^{15}N	31,58	2160,–

[1]) 620 g Ammoniumnitrat (211 g N mit 50 Atom-% ^{15}N-Häufigkeit)

4. Schlußfolgerungen

Dem hohen Material-, Kosten- und Zeitaufwand bei der Produktion von markierter Gülle steht eine ungedeckte Bedarfslücke gegenüber. Aus der gegebenen Situation und den Resultaten dieser Arbeit sind nachstehende Folgerungen hervorzuheben:

(1) Grundsätzlich sollten alle Exkremente aus Tier- und Fütterungsversuchen mit ^{15}N, sofern mit genügend hohen relativen Häufigkeiten experimentiert wurde, für weiterführende Versuche in der Pflanzenproduktion bereitgestellt werden. Ihre Nutzung verbietet sich jedoch, wenn die Tierernährungsdisziplin mit Doppelmarkierungen arbeitet, bei denen das zweite Element radioaktive Nuklide enthält (z. B. ^{14}C, ^{32}P, ^{35}S, ^{45}Ca, ^{131}J).

(2) Werden ^{15}N-angereicherte Futtermittel für die Güllegewinnung verwendet, dann ist der Kot- und Harnanfall des 2. bis 4. Versuchstages ohne großen zusätzlichen Testaufwand geeignet. Bei der Zusammenstellung der einzelnen Gülleformulierungen muß die qualitative Auswirkung berücksichtigt werden. Ist generell die Wirksamkeit der Gülle vom Anteil des löslichen Stickstoffs, der vom Kot: Harn-Verhältnis bestimmt wird, abhängig, so kann durch unsachgemäße Kalibrierung ein anderer Wirkungseffekt vorgetäuscht werden. Eine deutliche Verschiebung in der ^{15}N-Proportion zugunsten des Harns tritt offensichtlich auch bei Verfütterung von ^{15}N-angereicherten Futterzusätzen (z. B. ^{15}N-NPN-Verbindungen) ein. Es sollte deshalb bei der Publikation von Untersuchungsbefunden mit ^{15}N-Gülle stets auch Antwort auf diese methodische und qualitative Frage gegeben werden.

(3) Die hohen Kosten eines solchen Tracers schränken von vornherein seine Anwendungsgebiete ein. So bleibt der Einsatz von ^{15}N-Gülle den Gefäßversuchen als Inkubations- und Gewächshausexperiment und Mikroparzellenversuchen im Freiland vorbehalten. Die heutigen technischen Möglichkeiten der Gefriergutlagerung erlauben andererseits eine unkomplizierte Konservierung des anfallenden Kotes und Harns bzw. der Gülle sowie einen zeitlich beliebigen Verbrauch.

Eingegangen am 24. 3. 1981

Literatur

[1] *H. Peschke*, Isotopenpraxis **18** (1982) 73
[2] *H. Peschke*, Arch. Acker- u. Pflanzenbau u. Bodenkd. **25** (1981) 765
[3] *H. Bergner, R. Görsch, E. Krieghoff*, Arch. Tierernährung **20** (1970) 3
[4] *W. Thelemann*, Untersuchungen zum Verhalten des ^{15}N-Harnstoffs bei laktierenden Ziegen. Diss. Jena 1970
[6] *M. Ulbrich, H. Scholz*, Arch. Tierernährung **16** (1966) 387
[5] *M. Ulbrich, H. Scholz*, Arch. Tierernährung **13** (1963) 366
[7] *H. Bergner, R. Görsch*, Arch. Tierernährung **22** (1972) 297
[8] *H. Bergner, J. Müller, J. Marienburg, K. Adam, H.-J. Zimmer*, Arch. Tierernährung **24** (1974) 567
[9] *H. Peschke, A. Püschner*, Arch. Tierernährung **32** (1982)

Verteilung von ^{131}I in den einzelnen Organen der Maus nach einer kontinuierlichen Exposition mit ionisierender Strahlung von 0,21 C/kg

N. Stollárová, Ľ. Mráz

(Lehrstuhl für allgemeine Biologie, Naturwissenschaftliche Fakultät, P. J. Šafárik-Universität, Košice)[1]

In der Arbeit wird die Verteilung von ^{131}I in einzelnen Organen bei Mäusen nach deren vorhergehender kontinuierlicher Exposition mit ionisierender Strahlung bei einer Gesamtexposition von 0,21 C/kg mit der Verteilung von ^{131}I bei unbestrahlten Tieren im Intervall von 0,5–24 Stunden verglichen. Veränderungen in der Verteilung des Radiojods bei den exponierten Tiergruppen sind auf Störungen der Bindung an Blutkörperchen und an makromolekulare Blutkomponenten sowie auf eine erhöhte Permeabilität zurückzuführen.

Die Verteilung von ^{131}I in den einzelnen Organen ist ein Resultat des Störungsgrades und des Umfangs einer eventuellen Reparatur, was hauptsächlich im Thymus und in der Milz zum Ausdruck kommt. Niedrigere Radiojodspiegel in den anderen Organen sind vor allem auf einen niedrigen Spiegel dieses Elements im Blut zurückzuführen.

Keywords

biological radiation effects; distribution; iodine 131; mice; organs; radiation doses

Kontinuierlich einwirkende ionisierende Strahlung aus dem Kosmos und aus natürlich radioaktiven Stoffen stellte und stellt im Prozeß der Evolution der lebenden Organismen einen ständigen Faktor ihrer Umwelt dar. Akut einwirkende ionisierende Strahlung verschiedener Dosis verursacht im Organismus Veränderungen verschiedenen Grades, je nach der Empfindlichkeit der jeweiligen Gewebe und Organe. Kontinuierlich einwirkende ionisierende Strahlung höherer Dosis wird vom Organismus besser toleriert; eine eventuelle Adaption äußert sich im gleichzeitigen Verlauf von Regenerations- und Destruktionsvorgängen. Die Verteilung von Elementen im Organismus unter diesen Bedingungen könnte einen Indikator für das Schädigungsausmaß und den Zustand der einzelnen Organe und Systeme darstellen.

In der Arbeit werden Ergebnisse der Verfolgung der Verteilung von ^{131}I in den einzelnen Organen von Mäusen nach einer kontinuierlichen Exposition mit ionisierender Strahlung von 0,21 C/kg mit der Verteilung von Radiojod bei unbestrahlten Tieren verglichen.

Material und Methode

Im Experiment kamen männliche Tiere des Mäusestammes AB-Jena (Gat) aus eigener Zucht mit einem durchschnittlichen Ausgangsgewicht von 16–20 g zu Beginn der Versuche zur Verwendung. Gefüttert wurden die Tiere mit pelletierter Diät und Wasser ad libitum. Die Versuchstiere wurden 16 Tage lang mit ^{60}Co-Gammastrahlung bestrahlt, und zwar mit einer Tages-Dosisleistung von 0,013 C/kg bis zu einer Gesamtexposition von 0,21 C/kg. Die Bestrahlung erfolgte auf einem Versuchsfeld unter Freilandbedingungen, so daß die Tiere den klimatischen Bedingungen und Umwelteinflüssen ausgesetzt waren. Das Gamma-Versuchsfeld hatte die Form eines Trapezes, an dessen Schmalseite sich die Strahlungsquelle befand. Diese war in einer Dural-Hülse im Kegel eines Containers untergebracht, der einen Bleiverschluß besaß. Der Container war an einer Vorrichtung zum Herausziehen der Strahlungsquelle befestigt. Die Aufwärts- und Abwärtsbewegung der Strahlungsquelle erfolgte auf Leitschienen mit Hilfe von Stahlseilen. Die Leitschienen versteiften zugleich auch die Rückwand des Metallturmes. Die Höhenlage der Strahlungsquelle wurde mittels einer Klinke fixiert. Die Kontrolltiere befanden sich ebenfalls am Gammafeld in einer Entfernung von etwa 40 m von der Strahlungsquelle hinter einer Betonwand, also an einem von der ionisierenden Strahlung abgeschirmten Platz. Im Experiment wurden zu Vergleichszwecken auch Laboratoriumskontrollen durchgeführt. Nach 24stündigem Hungern und Plummerung mit *Lugol*scher Lösung wurden die Tiere vom Gammafeld in das Laboratorium gebracht, wo ihnen ^{131}I in Form von Na^{131}I mit einer Aktivität von 37 kBq mit einer *Hamilton*schen Spritze intraperitoneal verabreicht wurde. Ähnlich wurde das Radiojod auch den Tieren der Laborkontrolle appliziert. Die Verteilung des ^{131}I wurde 1/2, 1, 2, 3, 6, 12 und 24 Stunden nach der Verabreichung in folgenden Organen verfolgt: Blut, Thymus, Lunge, Herz, Schilddrüse, Leber, Pankreas, Milz, Magen, Dünn- und Dickdarm, Nebennieren, Nieren, Harnblase samt Inhalt Geschlechtsorgane, im Inhalt des Magen-Darmkanals und in der Spreu als Summarprobe der Jodausscheidung.

Die radioaktiven Proben wurden in einem NaI(Tl)-Bohrlochkristall mit dem Gerät NZQ-615 gemessen.

Ergebnisse

Die Verfolgung der Kinetik der Verteilung von Radiojod bei Mäusen nach einer kontinuierlichen Exposition von 0,21 C/kg hat gezeigt, daß es im kritischen Organ – der Schilddrüse – zwei Kumulationsmaxima dieses Elements gibt, und zwar bei den Laborkontrollen in der 2. und 24. Stunde und bei den bestrahlten Tieren in der 1. und 12. Stunde (Abb. 1a). Der hohe Radiojodgehalt im Blut (Abb. 1b) bei den Laborkontrollen sinkt in der 2. und 3. Stunde; bei den exponierten Tieren war eine mäßige Erhöhung in der ersten Stunde zu verzeichnen. Im Inhalt des Magen-Darmkanals und in den Organen des Verdauungstraktes – Leber, Pankreas, Magen, Dünn- und Dickdarm (Abb. 2a–f) – liegen die Werte der Kumulation bei den

[1]) Anschrift: ČSSR, 04167 Košice, Šrobárova 57

Laborkontrollen im Vergleich mit denen der Versuchstiere im gesamten Verlauf höher, besonders jedoch in der 1. bis 6. Stunde. In den Nebennieren verhält sich die Verteilung bei den Kontroll- und Versuchsgruppen beinahe identisch (Abb. 3a). In Lunge (Abb. 3b), Herz (Abb. 4a) und Nieren (Abb. 4b) fällt die höchste Kumulation von ^{131}I bei der Kontroll- und Versuchsgruppe in die 3. Stunde, wobei die Werte der experimentellen Gruppe wiederum niedriger liegen. Im Thymus liegen die Werte der Verbrauchs- und

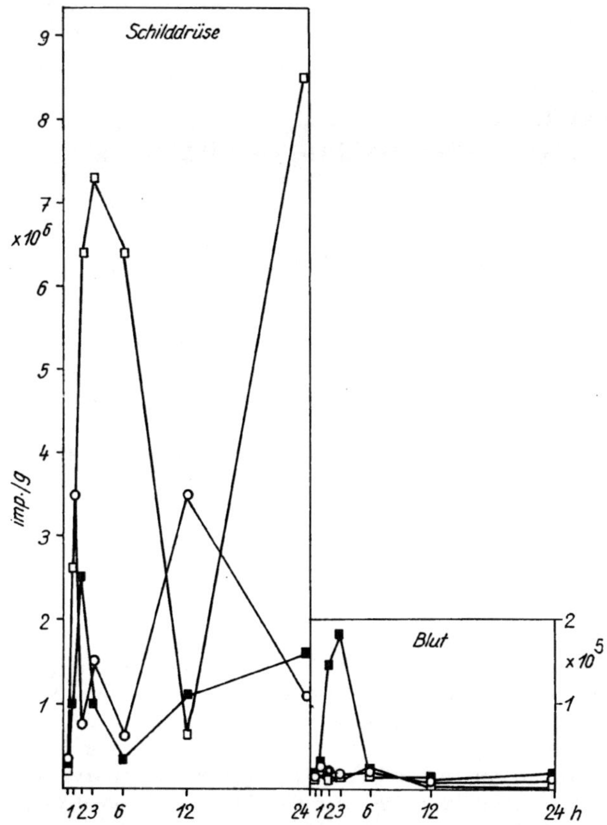

Abb. 1a, b. Verteilung von ^{131}I in der Schilddrüse und im Blut

○ – bestrahlte Gruppe; □ – Feld-Kontrollgruppe; ■ – Labor-Kontrollgruppe

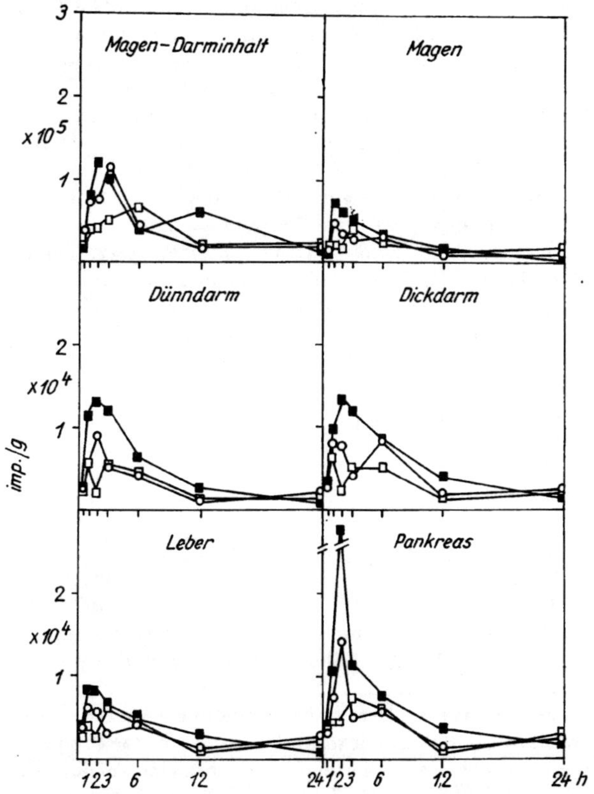

Abb. 2a–f. Verteilung von ^{131}I im Inhalt des Verdauungskanals und in den einzelnen Organen

○ – bestrahlte Gruppe; □ – Feld-Kontrollgruppe; ■ – Labor-Kontrollgruppe

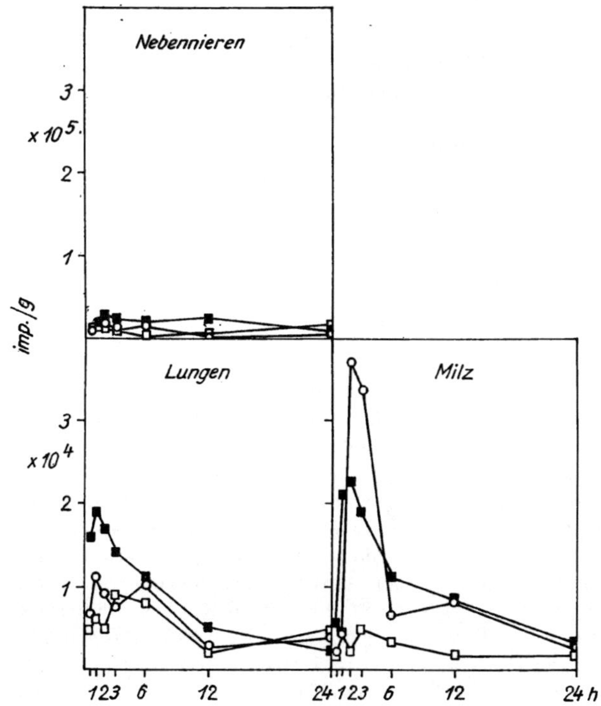

Abb. 3a–c. Verteilung von ^{131}I in den einzelnen Organen

○ – bestrahlte Gruppe; □ – Feld-Kontrollgruppe; ■ – Labor-Kontrollgruppe

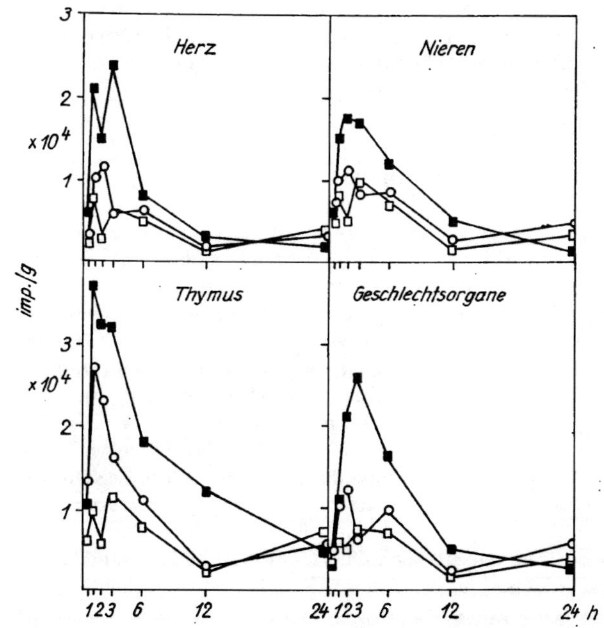

Abb. 4a–d. Verteilung von ^{131}I in den einzelnen Organen

○ – bestrahlte Gruppe; □ – Feld-Kontrollgruppe; ■ – Labor-Kontrollgruppe

Kontrollgruppen ähnlich (Abb. 4c). Das einzige Organ, in dem die Kumulation bei den Versuchstieren höhere Werte gegenüber den Kontrolltieren erreicht, ist die Milz (Abb. 3c); wiederum besteht ein ausgeprägter Unterschied in der Initialphase, d. h. in der 2. und 3. Stunde. In den Geschlechtsorganen (Abb. 4d) besteht die größte Differenz in der Initialphase zwischen den Laborkontrollen und den Versuchstieren.

Neben diesen Vergleichen werden überall auch die Werte der im Gammafeld gehaltenen und vor der Strahlung geschützten Kontrolltiere angeführt. In der Schilddrüse wurde bei diesen Tieren die überhaupt höchste Kumulation von ^{131}I verzeichnet, und zwar in der 2. und 24. Stunde (Abb. 1a). In den anderen Organen weicht die Kumulation von Radiojod im Vergleich mit den Laborkontrollen weniger von der bei den exponierten Tieren ab. Die geringste Kumulation wurde bei dieser Gruppe im Thymus und in der Milz beobachtet (Abb. 4c, 3c).

Die Ausscheidung von Radiojod wird durch die Summarmessung der Menge des radioaktiven Nuklids in der Harnblase samt Inhalt und in der Spreu prozentual ausgedrückt und zeigt bei den exponierten Tieren höhere Werte als bei den Laborkontrollen (Abb. 5a).

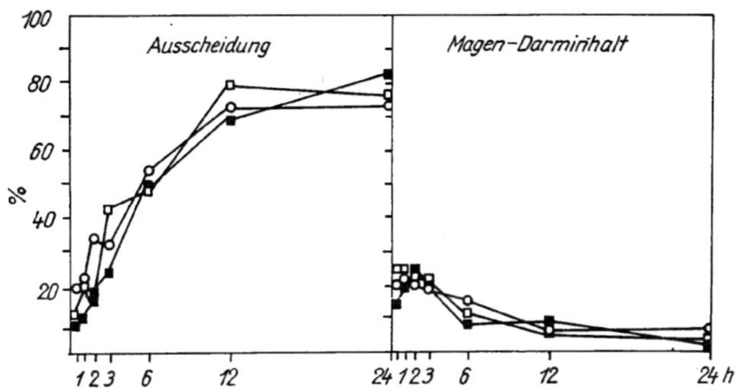

Abb. 5a, b. Gehalt an ^{131}I in den Ausscheidungen und im Inhalt des Magen-Darmkanals in %

○ – bestrahlte Gruppe; □ – Feld-Kontrollgruppe; ■ – Labor-Kontrollgruppe

Diskussion

Ein Vergleich der Verteilung von ^{131}I bei Mäusen mit der Verteilung dieses Nuklids nach einer kontinuierlichen Exposition mit ionisierender Strahlung hinsichtlich der pathophysiologischen und pathomorphologischen Veränderungen, die nach der Bestrahlung eintreten, ergibt, daß die veränderte Verteilung nach der Exposition durch eine in beiden Richtungen erhöhte Permeabilität verursacht wird [1–4].

Die Verteilung von Elementen im Organismus hängt von der Durchblutung, der Funktionsaktivität und der metabolischen Bedeutung des Organs ab. Das in Verbindungen gut lösliche Jod erscheint im Blut, und hinsichtlich der hämatologischen Reaktion auf die Exposition mit ionisierender Strahlung ist die Bindung des Elements an Moleküle und Blutkörperchen bei den Versuchstieren geringer als bei den Kontrollen. Eine Abnahme des Radiojodgehalts im Blut ist besonders in der Initialphase zu beobachten, und aus den Ergebnissen geht hervor, daß diese Abnahme durch eine erhöhte Ausscheidung verursacht wird. Der Radiojodgehalt in den Organen des Verdauungstrakts stammt aus der Verteilung durch die Blutbahn und von der Resorption aus dem Rezirkulationsanteil. Der Rezirkulationsanteil hängt von der Sekretionstätigkeit der Drüsen und von der Passage des Inhalts des Verdauungskanals ab. Aus der Erniedrigung dieser Faktoren resultiert ein niedrigerer Radiojodspiegel in den Organen des Verdauungstrakts [5, 6]. Strahlungsbedingte Veränderungen im Thymus verursachen eine niedrigere Kumulation von Radiojod in diesen Organen. Die Funktion der Milz im erythrozytären Zyklus bewirkt, daß sich infolge der phagozytären Aktivität dieses Organs der Radiojodspiegel in demselben erhöht.

Die ionisierender Strahlung ausgesetzten Tiere wurden außer mit den Laborkontrollen jeweils auch mit den Kontrolltieren vom Gamma-Versuchsfeld verglichen, und es zeigte sich, daß das Radiojod im Unterschied zu den Laborkontrollen bei den Feldkontrollen eine ähnliche Verteilung aufweist wie bei den bestrahlten Tieren. Der Einfluß der äußeren Klimabedingungen auf dem Versuchsfeld gegenüber den Laboratoriumsbedingungen kommt hauptsächlich in der Verteilung des ^{131}I in Schilddrüse, Thymus und Milz zum Ausdruck [7–9]. Dieser Umstand ist auf die erhöhte metabolische Aktivität und die Hämatopoese zurückzuführen [10–13].

Zusammenfassung

Nach einer Exposition mit ionisierender Strahlung wird die Verteilung von Radiojod vor allem durch die gestörte Bindung des Nuklids an die Blutkörperchen und makromolekularen Blutkomponenten sowie eine in beiden Richtungen erhöhte Permeabilität beeinflußt. Da dadurch hauptsächlich die Initialphase der Radiojodverteilung im Organismus der Maus betroffen wird, sind auch die Unterschiede zwischen der Kontroll- und Versuchsgruppe besonders in dieser Phase ausgeprägt. Die Verteilung von ^{131}I in den einzelnen Organen ist ein Ergebnis des Störungsumfangs und des Grades einer eventuellen Reparatur, was sich besonders im Thymus und in der Milz zeigt. Die niedrigeren Radiojodspiegel in den anderen Organen werden vor allem durch den geringeren Gehalt dieses Elements im Blut verursacht.

Eingegangen am 7. 1. 1981
Überarb. Fassung: 20. 5. 1981

Literatur

[1] *V. S. Kalistratova*, Vlijanije vnešnego oblučenija na povedenije radioaktivnych izotopov, Biologičeskoje dejstvije vnešnich i vnutrennich istočnikov radiacii 64–70, Izdatel'stvo Medicina, Moskva 1972

[2] *J. V. Várterész*, Strahlenbiologie, Akadémiai Kiadó Budapest 1966.

[3] *W. O. Caster, W. D. Armstrong, E. Simonsen*, Am. J. Physiol. **188** (1957) 169

[4] *R. D. Phillips, D. J. Kimeldorf*, Rad. Res. **18** (1963) 86

[5] *D. G. Baker, R. J. Mitchell, D. Coles*, Gastroenterology **44** (1963) 291

[6] *N. F. Komber, H. Quastler, D. R. Wimber*, Brit. J. Radiol. **35** (1962) 290

[7] *Ch. W. Song, T. C. Evans*, Radiat. Res. **33** (1968) 480

[8] *R. A. Monroe, J. H. Rust, B. F. Trum*, Science **119** (1954) 65

[9] *J. N. Shively, G. P. Epling*, Radiat. Res. **37** (1969) 71

[10] *A. Slebodzinski, Z. Srebro*, Folia Biol. **17** (1969) 145

[11] *H. Fritz-Niggli*, Strahlenbiologie, Stuttgart: Georg Thieme 1959

[12] *Z. M. Bacq, P. Alexander*, Principes de Radiobiologie, Paris: MASSON et Cie 1955

[13] *L. Bianchi*, Virchows Arch. Path. Anat. **334** (1961) 206

Kurze Originalmitteilungen

2-(Thiazol-4-yl)-phenole als Extraktionsmittel für Kupfer

U. Dinjus, E. Uhlig, J. Beger), G. Wagner*)*

(Sektion Chemie der Friedrich-Schiller-Universität Jena; *) Sektion Chemie der Bergakademie Freiberg)[1])

Keywords

copper; copper 64; *p*H value; solvent extraction; thiazoles

Einzählige Thiazole sind als Liganden für Kupfer(II) bekannt [1]. Ebenso ist das komplexchemische Verhalten der 2-(Benzthiazol-4-yl)-phenole beschrieben worden [2–4]. Von uns wurde eine Reihe substituierter 2-(Thiazol-4-yl)-phenole synthetisiert, die sich durch gute Löslichkeit in organischen Lösungsmitteln auszeichnen und die gute Komplexbildungseigenschaften besitzen. Das komplexchemische Verhalten der Verbindungen wurde früher beschrieben [5].

1. Experimentelles

Alle eingesetzten Verbindungen hatten den Reinheitsgrad „zur Analyse". Die organischen Verdünnungsmittel wurden frisch destilliert. Die Ionenstärke der wäßrigen Phase wurde mit KNO_3 auf 0,1 M eingestellt. Die Konzentration der wäßrigen Phase an Metallsalz betrug 10^{-3} M, die Konzentration an Ligand in der organischen Phase wurde zu 10^{-2} M gewählt. Die Konzentration des Metalls wurde in beiden Phasen durch Markierung mit ^{64}Cu, ^{110m}Ag und ^{59}Fe bestimmt (Isocommerz GmbH, Berlin). Die *p*H-Werte wurden mittels Glaselektrode am *p*H-Meter MV 87 (VEB Präcitronic, Dresden) gemessen. Die Untersuchungstemperatur betrug 25 °C.

2. Diskussion der Ergebnisse

In Tab. 1 sind die untersuchten Verbindungen aufgeführt. Es ist festzustellen, daß nur jene Liganden gute Extraktionsmittel sind, die am Thiazolring einen Alkanoylaminsubstituenten besitzen. Dieser Substituent ist offensichtlich dafür verantwortlich, daß die gebildeten Kupferchelate niedermolekular und damit in den zur Extraktion eingesetzten Verdünnungsmitteln leicht löslich sind. Mit den Liganden HL 5 bis HL 8 entstehen polymere Chelatverbindungen des Kupfers, die in den meisten organischen Lösungsmitteln unlöslich sind [5]. In Abb. 1 ist das Ergebnis der Extraktion des Kupfers mit den Liganden HL 1 bis HL 3 in Chloroform als Verdünnungsmittel dargestellt. Der Einfluß der Kettenverlängerung des Alkanoylaminorestes auf die Extraktion ist gering. Die $pH^1/_2$-Werte liegen alle um 3,2. Der Anstieg der Kurven im lg D/*p*H-Diagramm wird zu zwei bestimmt, so daß zur Beschreibung des Extraktionsgeschehens die einfache Gleichung 1 herangezogen werden kann:

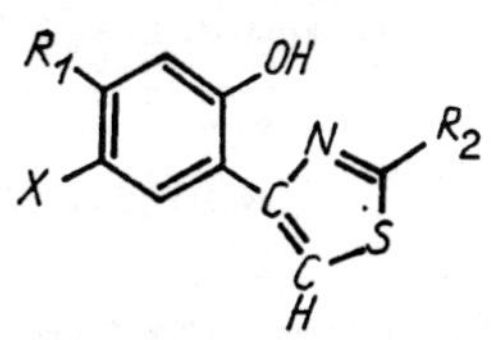

Tab. 1. Struktur der 2-(Thiazol-4-yl)-Phenole

Kurzbezeichnung	R_1	R_2	X
HL 1	H	CH_3CONH–	H
HL 2	H	$C_6H_{13}CONH$	H
HL 3	H	$C_{11}H_{23}CONH$	H
HL 4	H	NH_2	H
HL 5	CH_3	C_6H_5	H
HL 6	$C_6H_{13}O$	C_6H_5	H
HL 7	$C_{12}H_{25}O$	C_6H_5	H
HL 8	H	C_5H_5	Cl

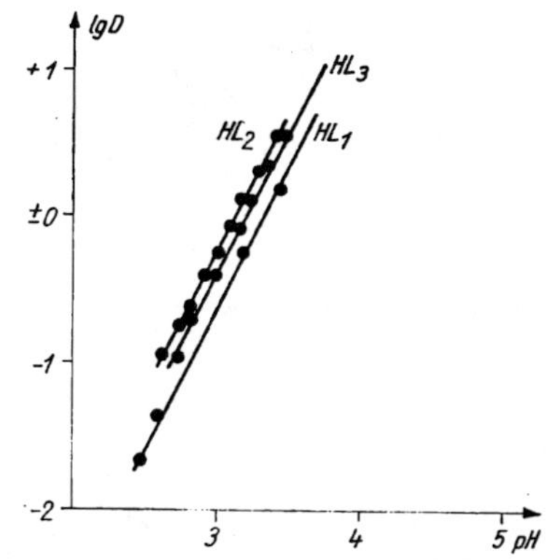

Abb. 1. Kupferextraktion mit 2-(Thiazol-4-yl)-phenolen in Chloroform
D = Verteilungskoeffizient

$$Cu^{2+}_{(w)} + 2\,HL_{(0)} \rightleftharpoons CuL_{2(0)} + 2\,H_{(w)} \quad (1)$$

Wir testeten die Liganden auch gegenüber dem thiophilen Silber(I) sowie gegenüber Eisen(III), das die Kupfer(II)-Extraktion mit o-substituierten Phenolen (LIX 65N, KELEX 100) stören kann.

Die Ergebnisse sind in Abbildung 2 dargestellt. Silber(I) und Eisen(III) werden mit sehr kleinem Verteilungskoeffizienten zwischen den beiden Phasen verteilt. Bei der Ex-

[1]) Anschriften: 6900 Jena, August-Bebel-Str. 2; *) 9200 Freiberg, Leipziger Straße

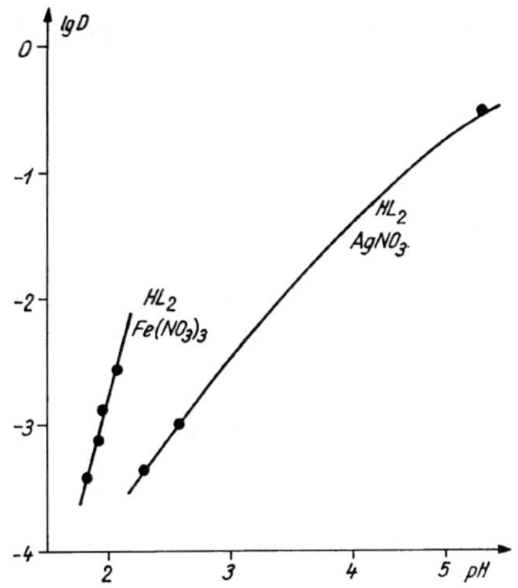

Abb. 2. Versuche zur Extraktion von Ag(I) und Fe(III) mit 2-(Thiazol-4-yl)-phenolen in Chloroform

traktion von Silber treten im *p*H-Bereich von 5 weiße Niederschläge auf. Bei den Extraktionsversuchen mit Eisen erfolgt oberhalb *p*H 2 eine zunehmende Gelbfärbung der wäßrigen Phase und eine Abnahme der Verteilungskoeffizienten.

Eingegangen am 27. 5. 1981

Literatur

[1] *L. F. Lindoy, S. E. Livingstone*, Inorg. chim. Acta 2 (1968) 119
[2] *S. P. Gosh, S. K. Gupta, L. K. Mishra*, J. Indian. chem. Soc. **56** (1979) 206
[3] *J. R. Wasson, H. W. Richardson, W. E. Hatfield*, J. inorg. nucl. Chem. **39** (1977) 1323
[4] *M. F. El-Shazly, T. Salem, M. A. El-Sayed*, Inorg. chim. Acta. **29** (1978) 155
[5] *U. Dinjus, E. Uhlig, J. Beger, G. Wagner*, Z. anorg. allg. Chem., **476** (1981) 16

Aus der Praxis

Atomwissenschaft und -technik für die Volkswirtschaft des Landes*)

Keywords

isotope applications; isotope production; radioisotopes; USSR

... Kommen wir zu einigen der wichtigsten Ergebnisse der Einführung der Errungenschaften der Atomwissenschaft und -technik in verschiedene Zweige der Wirtschaft sowie zu den Aufgaben ihrer noch effektiveren Nutzung im Rahmen des 11. Fünfjahrplanes.

Produktion und Anwendung von Radionukliden

Auf der dem 30. Jahrestag der Produktion und Anwendung von Isotopen in der UdSSR gewidmeten Wissenschaftlich-technischen Konferenz, die im Oktober 1978 in Obninsk stattfand [1], wurde nicht nur auf die breite Einführung von Radionukliden — von Tritium bis Californium-252 — in viele Zweige der Volkswirtschaft verwiesen, sondern es wurden auch die Aufgaben für die noch wirkungsvollere Kooperation der verschiedenen Behörden und der RGW-Mitgliedsländer bei der Produktion dieser Erzeugnisse formuliert. Unser Land nimmt bei der Produktion von Radionukliden eine führende Position ein. Die Herstellung von Erzeugnissen der Isotopenproduktion erfolgt auf der Grundlage von 170 Radionukliden von 85 Elementen des Periodensystems.

Der Entwicklungsstand der Produktion von Radioisotopenerzeugnissen in der UdSSR ist vergleichbar mit dem der kapitalistischen Welt. Von rund 700 bekannten Radionukliden mit Halbwertszeiten zwischen 10 Minuten und 6000 Jahren ($Z < 84$) werden in unserem Land 143 produziert, in den kapitalistischen Ländern 152; darunter von 211 mit Halbwertszeiten zwischen 24 Stunden und 1 Jahr in der UdSSR 107, in den kapitalistischen Ländern 99 und von 439 mit Halbwertszeiten zwischen 10 Minuten und 24 Stunden 15 in der UdSSR und 22 in den kapitalistischen Ländern. Insgesamt wurden bisher ca. 1700 Radionuklide entdeckt, wobei nur 90 davon in der Natur vor, kommen. Viele Alphastrahler sind jedoch hochtoxisch- und ihre Anwendung in der Medizin für radiodiagnostische und radiotherapeutische Zwecke ist wenig wahrscheinlich. Deshalb werden im vorliegenden Beitrag nicht Angaben über die Verwendung a l l e r Radionuklide gemacht.

Breite Anwendung in Industrie, wissenschaftlicher Forschung, Landwirtschaft und anderen Zweigen der Volkswirtschaft finden Radionuklide mit $Z \geqq 84$. So werden Polonium-210, Nuklide des Plutoniums und anderer Transplutoniumelemente als Neutronenquellen sowie in Radionuklid-Energiequellen, in der Geologie und in anderen Zweigen verwendet. Viele Radionuklide wurden in den kerntechnischen Gerätebau und in die Strahlentechnologie eingeführt. In breitem Umfang werden solche Produkte der Kernspaltung wie ^{99}Mo, ^{90}Sr, ^{137}Cs, ^{147}Pm und andere genutzt. Gegenwärtig werden in der UdSSR 76 radiopharmazeutische Präparate hergestellt, mit deren Hilfe rund 130 diagnostische und 20 strahlentherapeutische Verfahren angewandt werden können. Die Radioisotopendiagnostik wurde in vielen Kliniken des Landes zu einem unverzichtbaren Bestandteil des diagnostischen Prozesses in allen Entwicklungsstadien einer Erkrankung oder bei der Kontrolle des Zustandes des menschlichen Organismus. Jährlich wird auf diese Weise ungefähr eine halbe Million Kranker untersucht. Im Laufe des letzten Jahrzehnts wurde die Produktion von 150 Verbindungen, markiert mit T, ^{14}C, ^{32}P und anderen Radionukliden, aufgenommen, die es ermöglichen, viele Probleme zu lösen.

Die Volkswirtschaft des Landes erhielt in diesem Zeitraum über 80000 Radioisotopengeräte [1] für Kontrolle und Automatisierung der Produktion in verschiedenen Zweigen

*) Auszugsweise Übersetzung aus „Atomnaja energija" **50** (1981) 2, S. 76–78. Diese Ausgabe der Zeitschrift wurde dem XXVI. Parteitag der KPdSU gewidmet.

der Industrie. Weiterentwickelt wurden strahlentechnologische Verfahren unter Anwendung von Radionukliden und Strahlungen aus Beschleunigern für geladene Teilchen. Für die Sterilisierung medizinischer Artikel aus Polymermaterialien wurden 1976 in den Werken für medizinische Erzeugnisse in Belgorod-Dnestrowsk und Leningrad industrielle Gammabestrahlungsanlagen und im Kurgansker Kombinat „Sintez" eine analoge Anlage mit einem Elektronenbeschleuniger in Betrieb genommen. Der ökonomische Nutzen aus der Einführung dieser drei Anlagen beträgt über 2. Mill. Rubel/Jahr. Seit 1976 arbeitet im Gluchowsker Baumwollkombinat „W. I. Lenin" die mit einem Elektronenbeschleuniger ausgestattete industrielle Versuchsanlage „Poplin" zur kontinuierlichen strahlenchemischen Gewebeausrüstung mit einem ökonomischen Nutzen von über 1. Mill. Rubel pro Jahr. Im Jahre 1979 wurde die strahlentechnologische Ausrüstung für eine industrielle Versuchsanlage zur Erzeugung von Thermoschrumpfschläuchen („Prowod-1") fertiggestellt und dem Werk „Moldawizolit" in Tiraspol übergeben. 1977 erfolgte die Aufnahme der Serienproduktion einiger Gammatherapieanlagen zur intrakorporalen Bestrahlung bösartiger Geschwülste in der Gynäkologie, Stomatologie usw. (AGAT-W1, AGAT-W2, AGAT-W3 u. a.). Einige der Anlagen haben universellen Charakter. Ferner werden Arbeiten zum Einsatz von Neutronenquellen für die intrakorporale Bestrahlung bösartiger Geschwülste durchgeführt. So wurden im WNIIRT (Unionsforschungsinstitut für Strahlentechnik) drei Versuchsmuster des Neutronentherapiegeräts ANET-W hergestellt, das mit einer ^{252}Cf-Neutronenquelle ausgestattet ist.

In großem Umfang werden Radionuklid-Energiequellen eingesetzt. Derzeit sind an den Nordmeer-Schiffahrtswegen, im hydrometeorologischen Dienst sowie in Antarktik-Forschungsstationen einige hundert automatische Anlagen und Leuchtzeichen mit Radionuklid-Elektronenenergiequellen ausgerüstet.

Die Anwendung von Radionukliden könnte noch umfangreicher sein, wenn zu ihrer Herstellung die wissenschaftlichen Zentren des Landes herangezogen würden, die über Forschungsreaktoren verfügen. Wenn auch der Bedarf der Volkswirtschaft an einer großen Anzahl langlebiger Radionuklide, die hauptsächlich in großen industriellen Reaktoren (KKW-Reaktoren) herstellbar sind, durch die Atomindustrie gedeckt werden kann und wird, so ist die Versorgung von Bestellern mit kurzlebigen Radionukliden aus Zentren, die in bedeutender Entfernung vom Bedarfsträger liegen, nicht möglich. Gegenwärtig werden in Medizin und Molekularbiologie Hunderte markierter Verbindungen und Präparate eingesetzt, von denen ein Teil eine Halbwertszeit von einigen zehn Minuten bis zu einigen Stunden oder Tagen besitzt. Keine moderne Klinik kann in der Diagnostik oder bei der Behandlung verschiedener Erkrankungen ohne sie auskommen. Zur Zeit werden kurzlebige Radionuklide hauptsächlich vom Werk „Medradiopräparat" des Ministeriums für Gesundheitswesen der UdSSR geliefert. Ein Teil von ihnen kann nicht versandt werden, da die Halbwertszeit, die Forderungen an den Strahlenschutz (z. B. an die Container für den Flugzeugtransport) Schwierigkeiten bereiten und ihre Übersendung an andere Ortschaften manchmal unmöglich machen. Viele von ihnen müssen und können in Forschungsreaktoren hergestellt werden, die sich in Großstädten in der Nähe führender Kliniken befinden. Aus den Angaben der Unionsvereinigung „Isotop", die in Tab. 1 aufgeführt sind, ist die geographische Verteilung eines Teiles der Lieferungen ersichtlich. Gegenwärtig werden Radionuklide und ihre Verarbeitungsprodukte von ungefähr 5000 Betrieben und Einrichtungen in rund 300 Städten des Landes angewandt.

Tab. 1. Radionuklide für Diagnostik, Therapie und andere Zwecke

Nuklid	Halbwertszeit	Zahl der belieferten Städte	Anmerkungen
^{24}Na	15,03 h	3	wird in Moskau, Leningrad, Charkow angewendet; Lieferung wöchentlich
^{32}P*)	14,31 d	ca. 130	
^{86}Rb	18,7 d	6	
^{131}I*)	8,1 d	über 100	es werden 11 ^{131}I-markierte Verbindungen angewendet
^{133}Xe	5,29 d	über 40	wird auch in Kiew, Tblissi, Leningrad, Alma-Ata u. a. Städten verwendet, die Reaktoren besitzen
^{197}Hg	2,67 d	über 100	Lieferung nach Kiew, Tblissi, Leningrad u. a. Städte, die Reaktoren besitzen, sowie in Städte Ostsibiriens und des Fernen Ostens
^{198}Au*)	2,7 d	über 100	
^{140}La	1,76 d	1	wird nur in Moskau verwendet
^{82}Br	1,47 d	6	wird ab 1981 nur in Moskau verwendet
^{99m}Tc	6,02 h	37	wird aus ^{99}Mo (HWZ =66,7 h) erhalten

*) Hersteller ist das Werk „Medradiopräparat" des Ministeriums für Gesundheitswesen der UdSSR.

Der Bedarf an Radionukliden kann bei weitem nicht befriedigt werden. So wurden 1980 2000 Bestellungen für ^{99m}Tc-Generatoren — ein für Kliniken äußerst wichtiges Präparat — aufgegeben. Geliefert wurden jedoch nur insgesamt 800. Außer der Erweiterung der Produktionskapazitäten für Präparate mit kurzlebigen Radionukliden (Werk „Medradiopräparat" des Ministeriums für Gesundheitswesen der UdSSR) ist es notwendig, im Rahmen des 11. Fünfjahrplans die wissenschaftlichen Zentren des Landes auf die Herstellung und Lieferung einiger Radionuklide und markierter Präparate zu orientieren. Im Jahre 1980 wurde in den Forschungsreaktoren von Leningrad, Kiew, Riga, Tomsk, Swerdlowsk und Tblissi keine solche Produktion aufgenommen. Ähnlich ist die Lage auch in den Instituten für Kernphysik in Alma-Ata und Minsk sowie im Institut für Atomenergie „I. W. Kurtschatow" und im Physikalischen Institut in Moskau. Es ist zu berücksichtigen, daß es in einigen Instituten der genannten Städte gut ausgerüstete radiochemische Laboratorien und hochqualifizierte Spezialisten gibt, die in der Lage sind, die Produktion kurzlebiger Radionuklide zu organisieren. Der Stand der Produktion der wichtigsten Radionuklide ist in Tab. 2 angegeben.

Im Forschungsreaktor IRT-M des Instituts für Atomenergie „I. W. Kurtschatow" werden nach Beendigung der Rekonstruktion Radionuklide hergestellt, wobei deren Nomenklatur mit dem Arbeitsprogramm des Schwerwasserreaktors des ITEF koordiniert wird, um den Bedarf von Betrieben und Organisationen an kurzlebigen (Reaktor-) Radionukliden in Moskau und Umgebung umfassender zu

Tab. 2. Produktion von Radionukliden in Forschungsreaktoren im Jahre 1980

Institut, Stadt	Zugehörigkeit des Instituts	Zahl der hergestellten Radionuklide	Anwendung	
			Medizin	Wissenschaft und Industrie
ITEF, Moskau	Staatl. Komitee f. Atomenergie der UdSSR	22	^{24}Na ^{42}K ^{60}Co ^{82}Br ^{90}Y ^{169}Yb ^{197}Hg ^{198}Au	^{64}Cu, ^{72}Ga, ^{76}As, ^{115}Cd, ^{122}Sb, ^{140}La, ^{153}Sm, ^{159}Gd, ^{165}Dy, ^{166}Ho, ^{175}Yb, ^{177}Lu, $^{186/188}$Re, ^{187}W
Forschungsinstitut f. Atomreaktoren „W. I. Lenin", Dimitroffgrad	Staatl. Komitee f. Atomenergie der UdSSR	21	^{51}Cr ^{55}Fe	^{33}P, ^{36}Cl, ^{45}Ca, ^{46}Sc, ^{54}Mn, ^{55}Fe, ^{63}Ni, ^{65}Zn, ^{75}Se, ^{85}Sr, ^{109}Cd, ^{113}Sn, ^{119}Sn, ^{133}Ba, ^{145}Sm, ^{153}Gd, ^{169}Yb, ^{185}W, ^{203}Hg
Institut für Kernphysik, Taschkent	Akademie der Usbekischen SSR	6	^{32}P ^{99}Mo ^{198}Au	^{71}Ge, ^{75}Se
Filiale des Forschungsinstituts f. phys. Chemie „L. J. Karpow", Obninsk	Ministerium für chemische Industrie	1	^{99}Mo	

decken. In den Reaktoren der Institute der AdW der UdSSR und der Akademien der Unionsrepubliken (in Leningrad, Minsk, Kiew, Alma-Ata und anderen wissenschaftlichen Zentren) sollen Radionuklide nicht sporadisch, sondern entsprechend den Bedürfnissen der Betriebe ihrer Regionen produziert werden.

Auf der Grundlage der im ITEF, NIIAR und anderswo entwickelten Bestrahlungstechnologie und der Produktionsmethoden für Fertigerzeugnisse (Werk „Medradiopräparat" des Ministeriums für Gesundheitswesen der UdSSR), z. B. zur Anwendung in Kliniken des Ministeriums für Gesundheitswesen und in Betrieben anderer staatlicher Dienststellen ist es notwendig, daß die Organe der Unionsrepubliken unter Beteiligung der Unionsvereinigung „Isotop" die Produktion und die Lieferung dieser Erzeugnisse in die Städte ihrer Republiken und die umliegenden Regionen organisieren.

Das genannte Problem erfordert es, daß im Laufe des 11. Fünfjahrplanes durch Bemühungen des Staatlichen Komitees für Wissenschaft und Technik der UdSSR und der AdW der UdSSR gemeinsam mit dem Staatlichen Komitee für Atomenergie der UdSSR und dem Ministerium für Gesundheitswesen der UdSSR die Koordinierung hinsichtlich einer effektiveren Nutzung von Forschungsreaktoren und radiochemischen Laboratorien verschiedener Institute für die umfassendere Versorgung der Volkswirtschaft mit kurzlebigen Radionukliden verbessert wird.

A. K. Kouglow
Staatliches Komitee für Atomenergie der UdSSR
Eingegangen am 21. 5. 1981

Literatur

[1] *A. K. Kruglow, N. A. Maljuschina*, Atomnaja Energija **46** (1979) 61

Informationen

IAEA. Der IV. „FAO/IAEA Interregional Training Course on the Use of ^{15}N in Soil Science and Plant Nutrition" unter Leitung seines Kursusdirektors Prof. Dr. habil. *H. Faust* fand in der Zeit vom 18. 5.—13. 6. 1981 wiederum im Zentralinstitut für Isotopen- und Strahlenforschung Leipzig der AdW statt. Aus mehr als 40 Bewerbungen hatte eine Kommission der IAEA je einen Wissenschaftler aus den Ländern Ägypten, Costa Rica, Ecuador, Indonesien, Irak, Iran, Jugoslawien, Kenia, VR Korea, Kuba, Niger, Pakistan, Senegal, Spanien, Sri Lanka, Tansania, Thailand, Uganda und Zaire ausgewählt.

Wie zu den vorangegangenen Leipziger Kursen (vgl. Isotopenpraxis **16** (1980) 304) wurden vormittags Vorlesungen und nachmittags praktische Übungen geboten. Ergänzt wurde das Programm durch mehrere Exkursionen in biochemische und landwirtschaftliche Institute der DDR. Als Neuerung erhielten die Teilnehmer zwei Bände „Lectures" und ein 180 Seiten umfassendes „Training Manual", das soeben als Heft 38 (1981) der ZfI-Mitteilungen (Berichte des Zentralinstituts für Isotopen- und Strahlenforschung) erschienen ist.

IAEA. In den Seibersdorfer Laboratorien fand vom 6. 4.—5. 6. 1981 ein „Interregional Training Course on the Use of Isotope and Radiation Techniques in Studies on Soil/Plant Relationship" statt. Es waren 20 Teilnehmer aus Entwicklungsländern zugelassen. Als Gastdozent und Leiter des Programmteils „^{15}N-Tracertechnik" wirkte — wie bereits in den vorangegangenen Kursen — wieder Prof. Dr. habil. *H. Faust* vom Zentralinstitut für Isotopen- und Strahlenforschung Leipzig der AdW mit.

RGW. Anläßlich einer Expertenberatung im April 1981 in Moskau wurden folgende RGW-Standards abgestimmt und für die Verabschiedung empfohlen:

1. Umschlossene Radionuklidquellen ionisierender Strahlung. Kennzeichnung und Begleitpaß
2. Umschlossene Radionuklidquellen ionisierender Strahlung. Begriffe und Definitionen
3. Referenznormale von Radionuklid-Lösungen und umschlossenen Radionuklidquellen ionisierender Strahlung. Verzeichnis der Angaben für das Zertifikat

Diese RGW-Standards dienen der weiteren Förderung der wissenschaftlichen und wirtschaftlichen Zusammenarbeit der RGW-Mitgliedsländer, da sie u. a. die gegenseitige Anerkennung bestimmter strahlenschutz- oder meßtechnischer Vorgaben in den einzelnen Ländern ermöglichen. Weitere grundlegende RGW-Standards werden vorbereitet.

DDR. Neue Reports des Staatlichen Amtes für Atomsicherheit und Strahlenschutz (SAAS) der DDR:

SAAS-272 Afterloadingverfahren in der Brachytherapie (Afterloading techniques in brachytherapy *M. Kirsch, B. Lorenz, R. Orban*)

SAAS-275 Verfestigung flüssiger radioaktiver Abfälle mittels Braunkohlenasche (Solidification of liquid radwaste by means of lignite ash — *W. Köbner, M. Petschel*)

SAAS-276 Das berufliche Strahlenrisiko des Radiologen. Ergebnisse epidemiologischer Untersuchungen (Occupational radiation risk to radiologists. Results of epidemiological studies — *W. Schüttmann*)

SAAS-277 Die nukleare Sicherheit von Kernanlagen (Nuclear safety of nuclear facilities — *F. W. Krüger*)

SAAS-279 Selected methodological aspects of routine medical supervision of radiation workers (Ausgewählte methodologische Aspekte der medizinischen Routineüberwachung beruflich strahlenexponierter Personen — *W. Schüttmann*).

DDR. In der Reihe der Berichte des Zentralinstituts für Isotopen- und Strahlenforschung der AdW der DDR (ZfI-Mitteilungen) sind zuletzt erschienen:

Nr. 36(1981): Klinisch-chemische und isotopenanalytische Methoden zur Untersuchung des Stickstoff-Stoffwechsels mit ^{15}N beim Menschen. Methodenkatalog (*H. Faust, H. Bornhak, K. Hirschberg* u. a.)

Nr. 37 (1981): Probenchemische Verfahren und Methoden zur Probengewinnung für die massenspektrometrische Präzisionsisotopenanalyse der Elemente Kohlenstoff, Stickstoff, Wasserstoff (*K. Mühle, H.-M. Nitzsche, A. Runge* u. a.)

Nr. 38 (1981): FAO/IAEA-Interregional Training Course on the Use of ^{15}N in Soil Science and Plant Nutrition. Training Manual (Ed. by *H. Faust*).

DDR. In der Reihe der Berichte des Zentralinstituts für Isotopen- und Strahlenforschung der AdW der DDR (ZFI-Mitteilungen) sind erschienen:

Nr. 39 (1981): Isotope als Rationalisierungsmittel in der Industrie" (Materialien der KDT-Tagung vom 4. und 5. Juni 1980 in Leipzig)

Vorträge:

Zur Anwendung der Ergebnisse der Isotopen- und Strahlenforschung in der Volkswirtschaft der DDR (*J. Leonhardt*)
Schnellanalyse mit Röntgenfluoreszenzanregung (*H.-K. Bothe*)
Radiometrische Qualitätskontrolle an Braunkohle (*H.-W. Thümmel*)
Industrielle Anwendungen der Strahlentechnik (*M. Bär*)
Anwendung der Radiotracertechnik in der Industrie an ausgewählten Beispielen (*R. Otto* u. a.)
Untersuchungen in Abwasser- und Kühlwassersystemen mittels der Radio-Tracertechnik (*R. Russow* u. a.)
Radionuklidtracertechnik in der Mikroelektronik (*J. Flachowsky, K. Freyer*)
Ausgewählte Anwendungen von Radionukliden in Erzbergbau und Metallurgie (*J. Holzhey*)
Bestimmung von Luftverunreinigungen mit analytischen Methoden des ZfI (*H.-J. Grosse* u. a.).

Nr. 40 (1981): „Informations- und Rechentechnik für die Kernforschung" (Ausgewählte Vorträge der KDT-Fachtagung über die Anwendung der Rechentechnik in der Information und Dokumentation für die Kernforschung, Roitzsch, 29. —31. 10. 1980)

Vorträge:

Grenzen und neue Ansatzpunkte in der Informatik (*E. Mater*)
Zur Entwicklung des automatisierten Dokumenten-Informationsrechnersystems der Land-, Forst- und Nahrungsgüterwirtschaft der DDR (AGROSELEKT) unter besonderer Berücksichtigung der vorgesehenen Nutzung des Systems AGRIS (*G. Kutschke, H. Mildner*)
Resultate und Probleme der Herstellung und Verarbeitung von MEDIK-Magnetbändern in der DDR im Rahmen des Internationalen Informationssystems auf dem Gebiet der Medizin (MEDINFORM) (*Ch. Hartmann*)
Umfang und Struktur der Datenbestände für die Leitung und Planung der Forschungsprozesse (*L. Jankowski*)
Wechselbeziehungen zwischen der Entwicklung der Rechentechnik und der Forschungstechnologie bei Dialogbetrieb (*K. Friedrich*)
Struktur, Organisation und Nutzung der Datenbank OEKFAK (*A. Pfund, S. Töpfer*)
Der Microfiche als Informationsmittel im Forschungsprozeß (*N. Neuheiser*)

BRD. Nach einer Information der Gesellschaft für Schwerionenforschung mbH (GSI) wurde mit dem Beschleuniger UNILAC ein neues Isotop des Elements 107 mit der Massenzahl 262 erzeugt, dessen Halbwertszeit zu 4,2 $+2{,}0/-1{,}4$ ms bestimmt wurde. Es erleidet Alphazerfall mit einer Teilchenenergie von $10{,}38 \pm 0{,}03$ MeV. Das Element 107 wurde erstmals 1976 im VIK Dubna (Isotop mit der Massenzahl 261) nachgewiesen. Bei den

Experimenten am UNILAC wurde das Isotop 262 durch Verschmelzung von ^{54}Cr und ^{209}Bi bei 262 MeV hergestellt. Der Strahlstrom des ^{54}Cr betrug $10^{12}/s$. Die Geschwindigkeitsdifferenz zwischen den Geschoßteilchen und den Produktkernen ermöglichte die Abtrennung der letzteren, wobei ein Trennfaktor von 10^{11} erreicht wurde.

BRD. Die Degussa AG hat für das in Frankreich und Großbritannien ausgearbeitete Verfahren zur direkten Umwandlung von UF_6 in sinterfähiges UO_2 mit Wasserdampf und Wasserstoff (IDR-Prozeß) eine kontinuierlich arbeitende Drehrohrofen-Anlage entwickelt. In eine Reaktionskammer werden UF_6 und Stickstoff eingeblasen. Das Reaktionsprodukt wird dann zusammen mit dem im Gegenstrom durch die gesamte Anlage geführten Wasserstoff über Filter in den Drehrohrofen befördert und hier bei 700–800 °C mit Wasserstoff zu UO_2 reduziert. Gleichzeitig wird Wasserdampf zugeführt. Am Ende des Drehrohrofens wird das UO_2 über eine Zellenradschleuse in schutzgasgefüllte Container ausgetragen (nach „atw" 6/1981).

UdSSR. Nummer 5/1981 der Zeitschrift „Atomnaja Energija" enthält u. a. folgende Beiträge:

Optimierung der Entwicklung der Brennstoffwirtschaft der Kernenergetik (*J. W. Schewelew, W. L. Lokschin, A. W. Klimenko*);
Zur Frage der Klassifizierung von Uranlagerstätten im Zusammenhang mit vulkanisch-tektonischen Depressionen (*W. M. Konstantinow*);
Besonderheiten der Strukturveränderungen und die Strahlenschwellung von Konstruktionslegierungen und -stählen (*I. W. Gorynin, A. M. Parschin*);
Untersuchung der Fehler der Berechnung von Strahlenfeldern in Medien (*W. W. Boljatko* u. a.);
Normative der Strahlensicherheit für kosmische Flüge (*J. I. Worobjew* u. a.);
Grundlagen der Methode der direkten alphaspektrometrischen Analyse von Umweltmaterialien (*M. I. Jakunin*);
Messung der Parameter von Elektronenströmen mit einem thermoelektrischen Detektor (*R. J. Strakowskaja, A. G. Stas, L. S. Krementschugski*);

Kurze Originalmitteilungen
Experimentelle Untersuchung des Spektrums der rückgestreuten Röntgenstrahlung an der Phasengrenze Luft-Beton (*F. L. Gertschikow, W. A. Gudowskich, L. J. Morgowski*);
Zum Verhalten von Gasverunreinigungen in Aluminiumborid (*L. I. Kekelidse, K. A. Oganesow, P. D. Kerwalischwili*);
Besonderheiten der Schwellung von diffusions-anisotropen Kristallen (*S. K. Saralidse*);
Die Wechselwirkung von Urandioxid mit Wolfram und Molybdän (*N. S. Krjukowa, A. S. Panow*);
Wechselwirkungsquerschnitte einiger Metalle mit kalten Neutronen (*W. J. Shitarew, A. M. Motorin, S. B. Stepanow*);
Eichung dosimetrischer Geräte des Typs DRGS-01 in Röntgenstrahlungsfeldern bei Impulslängen im Mikro- und Nanosekundenbereich (*W. I. Fominych, N. D. Willewalde, A. W. Oborin*);
Messung der Spaltproduktausbeuten bei der Spaltung von ^{249}Cf durch thermische Neutronen mit der Methode der Halbleiter-Gammaspektrometrie (*A. N. Gudkow* u. a.).

Schweden. Ein Abkommen über gemeinsame Untersuchungen hinsichtlich der Eignung von Granit als Lagergestein für hochradioaktive Rückstände, die im Rahmen eines Forschungsprojekts der OECD durchgeführt werden sollen, haben Finnland, Japan, Schweden, die Schweiz und die USA unterzeichnet. Auch Frankreich und Kanada werden sich an den Arbeiten beteiligen, die im unterirdischen Felslabor Stripa in Schweden durchgeführt werden. Sie sollen in erster Linie dazu dienen, die Eignung des Grundgebirges zur Isolierung radioaktiver Stoffe über lange Zeiträume zu ermitteln. Außerdem sollen Untersuchungsverfahren für die Auswahl von Standorten für Endlagerstätten entwickelt bzw. überprüft werden.

Im einzelnen sollen folgende Forschungsaufgaben bearbeitet werden:

- Messung geophysikalischer Gesteinseigenschaften von Bohrlöchern aus
- Grundwasserverhältnisse in großer Tiefe
- chemische Zusammensetzung der Grundwässer
- Ausbreitung radioaktiver Stoffe durch Klüfte im Gestein
- Verhalten von Tonmaterialien, in die man die Abfallbehälter im Endlager einbettet, um sie vor Beschädigung und Wasserzutritt zu schützen.

Das in rund 350 m Tiefe eingerichtete Felslabor Stripa wird seit 1977 betrieben.

Großbritannien. Das Radiochemical Centre Amersham trägt seit dem 5. Mai 1981 einen neuen Namen: „Amersham International Limited". Die Namensänderung wurde vorgenommen, um auch dergestalt die Tatsache zu dokumentieren, daß das Unternehmen Exportbeziehungen zu Einrichtungen der Medizin, Forschung und Industrie in rund 140 Ländern hat. Die Tochtergesellschaften von Amersham in den USA, in der BRD, in Frankreich, in den Niederlanden und in Australien werden die neue Bezeichnung in ihre Firmennamen aufnehmen.

Das Unternehmen hat 1980 sein Lieferprogramm um rund 50 Positionen erweitert, wobei die Entwicklung

- des Amerlex Free T4 RIA Kit für Radioimmunassays zur Voruntersuchungen des Schilddrüsenstatus,
- neuer ^{32}P-markierter Nukleotide hoher spezifischer Aktivität zur Bestimmung von Nukleotid-Sequenzen in DNS und RNS,
- energiearmer Neutronen- und Gammastrahlquellen speziell für die Bohrlochmessung bei der Erdölerkundung und
- einer neuen Radionuklid-Vorrichtung zur Beseitigung elektrostatischer Aufladungen in der Papier-, Druck- und plastverarbeitenden Industrie

besonders hervorzuheben ist.

Der Umsatz von Amersham im Geschäftsjahr 1980/81 lag bei 50 Mill. £ (1979/80 : 41,5 Mill. £). Bis zur Mitte der 80er Jahre wird mit einer Umsatzverdopplung gerechnet.

Das Produktionssortiment von Amersham umfaßt derzeit mehr als 2000 verschiedene Positionen. Täglich werden ca. 1000 Sendungen in alle Welt ausgeliefert.

Ende Mai 1981 wurde die neue Produktionsstätte des Unternehmens für medizinisch-diagnostische und Forschungspräparate in Cardiff/Wales, die mit einem Kostenaufwand von fast 20 Mill. £ errichtet wurde, offiziell eröffnet. Sie befindet sich auf einem 12 ha großen Gelände und hat 400 Mitarbeiter. Es wird damit gerechnet, daß bis zum Ende des Jahrzehnts die bebaute Fläche auf das

Doppelte vergrößert wird bei einem Anstieg der Mitarbeiterzahl auf 1000. (Nach einer Presseinformation von EIBIS International Ltd., London.)

USA. In einer Studie des Battelle Northwest Laboratory (*O. J. Wick, M. O. Cloninger*) wird festgestellt, daß abgebrannte Reaktor-Brennelemente, die in tiefliegenden geologischen Formationen eingelagert werden, für die Bevölkerung kein größeres Strahlenrisiko darstellen als natürliche Uranerz-Lagerstätten. Unter bestimmten Umständen ist die Strahlungsgefährdung sogar geringer als die durch Uranerzvorkommen. Die Studie wurde im Auftrag des Department of Energy (DOE) angefertigt.

Japan. Erste Versuche zur Urangewinnung aus Meerwasser in Verbindung mit dem Betrieb eines Wellenkraftwerks wurden mit Erfolg abgeschlossen. An der Außenwand des einem Schiff ähnelnden Wellenkraftwerks „Kaimei" (125 kW) wurden PVC-Zylinder (Durchmesser 10 cm, Höhe 20 cm) angebracht, die mit auf einem Trägermaterial fixierten Titandioxid gefüllt waren. Infolge der Wellenbewegung passierte das Meerwasser diese Zylinder, wobei nach 10tägiger Versuchsdauer meßbare Mengen Uran am Titandioxid adsorbiert waren.

Japan. Ein Büro für Urananreicherung wurde von der Vereinigung der japanischen Energieversorgungsunternehmen gebildet. Es soll die Planungsarbeiten für eine kommerzielle Anreicherungsanlage leiten. Das Projekt für eine Prototyp-Anreicherungsanlage auf der Basis des Trenndüsenverfahrens mit einer Kapazität von ca. 250 jato TA wird gegenwärtig von der Power Reactor and Nuclear Fuel Development Corp. (PNC) entwickelt. Die Energieversorgungsunternehmen wollen in einigen Jahren eine kommerzielle Gesellschaft für die Errichtung und den Betrieb einer Anreicherungsanlage mit einer Kapazität von 3000 jato TA gründen.

Japan. Wie die Power Reactor and Nuclear Fuel Development Corp. (PNC) mitteilte, wurde in der japanischen Pilotanlage zur Urananreicherung nach dem Zentrifugenverfahren die erste Tonne angereicherten Urans produziert. Bis Ende 1981 sollen in dieser Anlage 7000 Zentrifugen in Betrieb sein, die dann bei einem Anreicherungsgrad von 3,2% eine Kapazität von 50000 UTA/a besitzen wird.

Buchbesprechungen

Medizinische Radiographie mit schnellen Neutronen

E. Dühmke. München: Thiemig 1980 (Thiemig-TB 86) VIII, 149 S., 50 Abb., 3 Tab.; karton. DM 48,00

Die physikalischen Gesetzmäßigkeiten und diagnostischen Möglichkeiten des verbreitetsten medizinischen Bildgebungsverfahrens, der Röntgenaufnahme, sind hinreichend bekannt und bis an die technisch derzeit mögliche Grenze ausgenutzt. Seit über einem Jahrzehnt zeichnet sich zunehmend die Tendenz ab, andere, z. T. prinzipiell neue Verfahren zur Bildgewinnung heranzuziehen: Szintigraphie, Ultraschall, Thermographie, Computertomographie, Kernmagnetresonanz usw. Hier fügt sich die vorliegende Monographie sehr gut ein.

Der Autor beschreibt ausführlich Gesetzmäßigkeiten, Bedingungen und Möglichkeiten der „Neutrographie". Als Strahlenquelle dient ein Reaktor, der Neutronen ausreichender Energie und vor allem mit genügend hohem Fluß liefert. Das Detektorsystem besteht aus Zellulosenitratfolien, deren latentes Neutronenbild durch Ätzung mit Natronlauge entwickelt wird. Etwa 12500 schnelle Reaktorneutronen ($E > 0,5$ MeV) sind gegenwärtig zur Erzeugung *einer* ätzbaren Spur erforderlich. Durch einen vorgeschlagenen Vielfoliendetektor ließe sich die Empfindlichkeit um mindestens eine Größenordnung anheben. Die erforderlichen Neutronendosen liegen so hoch, daß die praktische Anwendung an drei Leichenpräparaten (Abschnitte tumorbefallener Wirbelsäulen) demonstriert wird. Der Vergleich von gefärbtem Schnitt-, Röntgen- und Neutronenbild zeigt in den drei Beispielen eine übereinstimmende Aussage von Schnitt- und Neutronenbild. Wegen des völlig anderen Wechselwirkungsmechanismus von Neutronen im Vergleich zu Röntgenstrahlen macht sich ein grundlegendes Umdenken erforderlich. Die Beispiele scheinen jedoch insofern nicht günstig gewählt, da noch zu Lebzeiten der Patienten ein Knochenszintigramm lange vor bildmäßig erfaßbaren Veränderungen in der Knochenstruktur auffällig gewesen wäre.

Die „Neutrographie" wird sicherlich auch weiterhin noch Forschungsgegenstand sein. Die vorliegende Monographie kann allen diesbezüglich Interessierten viele Anregungen bzw. einen guten Einblick geben.

B. Potschwadek

Enzyklopädie Naturwissenschaften und Technik, Band 1 (A–D)

Gesamtred. F. Schuh. Verlag Moderne Industrie, München 1979; 939 S.; Balacron DM 198,– (Sub.). Halbleder DM 248, –(Sub.)

Man übersetzt Enzyklopädie gern wörtlich mit „Bildungskreis" und versucht dem Wißbegierigen zumindest damit zu helfen, was eine Enzyklopädie sein könnte. Wohl kaum ist der Charakter mit dieser Übersetzung treffend beschrieben. Vielleicht sollte man sagen, daß eine Enzyklopädie ein Hybrid zwischen einem Lexikon und einem Lehrbuch ist. Vom Lexikon her stammt die alphabetische Anordnung der Begriffe mit vielen Querhinweisen und vom Lehrbuch hat sie den „lehrenden" Aspekt. Und da es kein Lehrbuch der Naturwissenschaften und Technik gibt und wohl auch kaum geben kann, ist eine Enzyklopädie die einzige Art, das Gegenwartswissen allumfassend zusammenzustellen, leicht auffindbar wiederzugeben und auch noch als Lehrbuch zu fungieren.

Hier liegt der 1. Band einer insgesamt fünfbändig geplanten Enzyklopädie vor. Es ist schon eigenartig und ungewohnt, den Alphazerfall neben Brückenkonstruktionen, der *Clairaut*schen Differentialgleichung und Dinosaurier zu finden – es könnten auch beliebig andere Kombinationen aufgeführt werden. So gesehen, erfüllt ein solches Buch viele Erwartungen. Daß dabei auch manche Wünsche offen bleiben müssen, liegt in der Natur der Sache, beispielsweise wäre eine kurze Angabe darüber zu erwarten, wozu die angegebene Jato-Produktion an Cumol denn dient; die seit 1954 industriell genutzte *Hock*sche Phenolsynthese, auch Phenol/Cumol-Verfahren genannt, bleibt ohne Hinweis unerwähnt. Der Hinweis Chromatiden, S. 704, wird zwar gegeben, es gibt aber keinen Text dazu.

Die einzelnen Beiträge werden mit Hinweisen auf weiterführende Literatur ergänzt — insgesamt sind im vorliegenden Band 1024 solcher Hinweise zu finden, wovon rund 30% aus den Jahren 1975—1979 stammen, also recht aktuell sind; immerhin sind 17 Zitate synchron mit dem Erscheinungsjahr des 1. Bandes aus dem Jahre 1979. Dabei wurde durchaus nicht rigoros auf alte bzw. ältere Literatur verzichtet; es gibt Angaben, die aus den Jahren 1866 und 1893 stammen, anders ausgedrückt entfallen 20% der Zitate auf die Jahre bis einschließlich 1964.

So sorgfältig auch die überwiegende Zahl der Beiträge durch geeignete Literaturhinweise ergänzt werden, es finden sich doch auch einige Mängel. Monographien, die ohne Auflage bzw. Erscheinungsjahr angegeben werden, finden sich auf den Seiten 147, 150, 164, 288, 315, 320, 461, 568, 725 und 831. Eine besonders kurze Form der Literaturhinweise hat der Mitautor, Dipl.-Chem. *T. Schlögl*, gewählt; es finden sich nur Angaben der Art: *Holleman-Wiberg*: 239 ff. (nur als Beispiel auf S. 689) oder Advances (S. 556, 689) oder Fortschritte (S. 556, 559) oder *Römpp* (S. 556, 596, 703) oder *Ul-mann* (S. 143). Man muß bei solchen Angaben voraussetzen, was sich hinter diesen Autorennamen oder hinter Advances (of Inorgan. Chem. Radiochem.) oder Fortschritte (der Chem. Forschung) verbirgt. Bei *Ullmann* ist, nebenbei bemerkt, die 3. Auflage aus dem Jahre 1953 gemeint und nicht — wie zu erwarten — die 4. Auflage aus dem Jahre 1973. Die offensichtlich in Eile abgekürzten Literaturhinweise sollten in den weiteren Bänden besser aufgehellt sein, um auch den weniger Literaturbewanderten eine echte Hinweisquelle zu werden.

Alles in allem eine gute, mit viel Mühe zusammengestellte Enzyklopädie, die u. a. auch sehr deutlich macht, wie eng doch Naturwissenschaft und Technik zusammenwirken. Sie sollte in vielen Bibliotheken zur Verfügung stehen und so möglichst vielen Lesern helfen, ihre Fragen zu beantworten.

H. Hübner

Fusionsreaktoren und Umwelt

V. Schuricht. Berlin: Akademie-Verlag 1980 (Wissenschaftliche Taschenbücher Band 134) 179 S., 39 Abb., 36 Tab.; M 8,—

Auf der Grundlage der Kernfusion könnte das Energieproblem für lange Zeit gelöst werden. Der Band stellt in knapper Form die Probleme des Umweltschutzes bei zukünftigen Fusionsreaktoren vor allem aus der Sicht des Strahlenschutzes dar. Zwei Kapitel über physikalische Grundlagen des Fusionsreaktors und über Stand und Probleme bei der Entwicklung von Fusionsreaktoren geben die Basis für die Diskussion des Strahlen- und Umweltschutzes bei Fusionsreaktoren. Bringt schon die Kernenergiegewinnung auf der Grundlage der Kernspaltung im thermischen Reaktor oder im schnellen Brüter große Vorteile beim Schutz der Umwelt, so wird die Einführung der Fusionsenergienutzung die Situation noch weiter verbessern. Der Autor versteht es, diesen Sachverhalt, aufbauend auf den Grundlagen der Fusion, ausführlich und zwingend zu beweisen. Der Band enthält eine Fülle von Details, die in zahlreichen Tabellen übersichtlich dargestellt sind und die die bis 1978 publizierten Ergebnisse zusammenfassen. Jedem, der sich nicht speziell mit Problemen der Fusion befaßt, ist dieses Buch zum Studium zu empfehlen.

K. Irmer

Nuclear Techniques in Groundwater Pollution Research

Panel Proc. Series — STI/PUB/518; Vienna: IAEA 1980; 285 S., 98 Abb., 41 Tab.; ÖS 415.—

In der Zeit vom 6. 12.—9. 12. 1976 fand in Krakau, VR Polen, ein Beratertreffen statt, das von der IAEA organisiert wurde. Nunmehr liegen in Buchform die dort gehaltenen Vorträge vor. Neben einer Einführung in dieses Thema wurden 17 Vorträge gehalten, die in einer Dreiteilung zu folgenden Themenkreisen Aussagen machen: Probleme und Fallstudien der Grundwasserverschmutzung (8 Beiträge), Analyse von Pollutanten durch kerntechnische Verfahren (4 Beiträge), Voraussagen und Analyse der Bewegungen von Grundwasserverschmutzungen durch kerntechnische Verfahren (5 Beiträge). An der Beratung nahmen 19 Wissenschaftler teil, einschließlich eines wissenschaftlichen Sekretärs der IAEA.

Der Begriff „Nukleare Methoden“ (kerntechnische Verfahren) wird in den hier behandelten Themen als Einsatz von Isotopen (Isotopenmethoden beispielsweise als Radio-Tracer) verstanden, aber auch als Folge von Wechselwirkungsprozessen der Kernstrahlung mit Gestein (Bohrlochmeßtechnik) und der nuklearanalytischen Verfahren, wie die RFA- und die Aktivierungsanalysen-Verfahren. Dadurch wird eine gewisse Abgrenzung zu den Methoden erreicht, die mit Hilfe der Umweltnuklide den Wasserkreislauf in der Natur zu untersuchen gestatten, obwohl eine eindeutige Zuordnung nur selten möglich sein wird. Das Strömungsverhalten z. B. von Grundwasserleitern kann eben verschieden untersucht werden: durch Umweltnuklide (T z.B.) oder durch Einloch-Meßtechnik unter Einsatz von Tracern (z. B. mit ^{51}Cr-EDTA) oder durch Mehrloch-Meßtechnik. Dazu kommt noch, daß die Pollutanten selbst als Tracer aufgefaßt und interpretiert werden können, so daß Methoden der nuklearen Spurenanalyse in ihrem Ergebnis auch zum Verstehen des Strömungsverhaltens Beiträge liefern können.

In einer ausführlicheren Arbeit (S. 127—152) von *N. A. Wogman* (Battelle Pacific Northwest Laboratories) wird auf die immer im aktuellen Einzelfall zu treffende Entscheidung eingegangen, nämlich wo die Analysentechnik ausgeführt werden soll (oder kann) — unter Feldbedingungen (in situ) oder unter Laborbedingungen. Es wird eine Feldinstrumentation vorgestellt, die auf einer energiedispersiven RFA beruht, einen Si(Li)-Detektor hat und Multielementanalysen im ppm-Bereich bis zu 100 m Teufe ausführen kann.

Diese Schrift spricht Nuklearanalytiker, Hydrogeologen und Umweltwissenschaftler in gleicher Weise an. Die in den dargelegten Fallstudien gemachten Erfahrungen können eventuell direkt übernommen werden, was sehr wertvoll ist. Isotopen- und Traceranwender auf dem speziellen Gebiet der Grundwasseruntersuchungen dürften auch eine Reihe von Anregungen erhalten.

H. Hübner

Thermodynamics of nuclear materials
Proceedings of a symposium, Jülich, 29 January—2 February 1979

Wien: IAEA 1980; 2 Bd.; 1013 S., 246 Abb., 212 Tab., 1192 Lit., (engl.); karton., insges. ÖS 1460,—

Die zweibändigen Konferenzberichte über Thermodynamik von Kernmaterialien enthalten insgesamt 58 Vorträge, wobei im Vordergrund die Thermodynamik der Oxide, Carbide, Nitride und Legierungen der Kernbrennstoffe Uran, Thorium und Plutonium steht. Es werden Untersuchungen über das Verdampfungsverhalten, Sauerstoffpotentiale, Phasendiagramme, spezifische Wärmen und spektroskopische Messungen vorgestellt. In theoretischen Arbeiten wird der Partialdruck von unterstöchiometrischem UO_2 bis zur flüssigen Phase extrapoliert, der Anteil elektronischer Übergänge an der spezifischen Wärme des UO_2 berechnet sowie ein statistisches Modell der Verteilung tetraedrischer Defekte, die aus einer Sauerstoffleerstelle und zwei reduzierten Metallkationen bestehen, zur Beschreibung der Eigenschaften von unterstöchiometrischem PuO_2 und CeO_2 aufgestellt.

Die Bildung von Verbindungen mit Spaltstoffen und Spaltprodukten, die Komplexbildung von Actiniden in wäßriger Lösung und die Eignung von Lithiumoxid als Brutmaterial in Fusionsreaktorblankets behandeln weitere Arbeiten.

Die Löslichkeit von Spaltprodukten in Uran- und Plutoniumcarbiden und -nitriden und die Diffusion von Spaltprodukten in Kernbrennstoffen wurden gemessen, Phasendiagramme für die Systeme Molybdän—Technetium, Technetium—Palladium, Technetium—Rhodium, Molybdän—Technetium—Rhodium, Molybdän—Technetium—Palladium und Molybdän—Ruthenium—Palladium bestimmt und Reaktionen von Spaltprodukten mit Hüllenmaterialien untersucht.

Zur Themodynamik von Reaktor-, Hüllen- und Absorbermaterialien gehören Untersuchungen über den Einfluß von Zusätzen an Niobium, Titan, Aluminium und Kohlenstoff auf das Schwellen von Eisen-Chrom-Nickel-Legierungen, über die Ausfällung von Ni_3Si aus Nickel-Silicium-Legierungen und aus austenitischen Stählen, Messungen der Kobaltaktivität von Kobalt-Nickel-Chrom-Legierungen und Phasendiagramme des Systems Titan—Bor—Stickstoff.

Von großer Bedeutung für den Reaktorbetrieb ist die Löslichkeit von Metalloxiden in Wasser unter Betriebsbedingungen. Die Löslichkeit von Magnetit (Fe_3O_4) nimmt bei hohen Temperaturen mit der Zeit ab, wobei gleichzeitig die Kristallgröße ansteigt. Bei Normaltemperatur tritt das Gegenteil ein. In diesem Zusammenhang ist auch die Extrapolation freier Energien wäßriger Elektrolyte in Richtung höherer Temperaturen interessant.

Untersuchungen zur Komplexbildung von Spaltmaterialien, Spalt- und Korrossionsprodukten mit Dibutylphosphat und o-Phenanthrolin in wäßriger Lösung tangieren den Wiederaufarbeitungsprozeß bestrahlter Brennelemente. Die Gleichgewichtskonstante der Reaktion $O + H = OH$ in flüssigem Natrium, die für die Ausfällung von Niederschlägen im Kühlmittel schneller Brüter von Bedeutung ist, wurde mit Hilfe einer Festelektrolytzelle bestimmt.

In den beiden abschließenden Arbeiten werden Prozesse beschrieben, die bei einer Reaktion eines geschmolzenen Reaktorkerns mit Beton zu erwarten sind. Dabei wird die Bedeutung thermodynamischer Daten über 2500 K hinaus für Betrachtungen zur Reaktorsicherheit ersichtlich. Bei solchen hohen Temperaturen haben Elektronenniveaus einen großen Anteil an der spezifischen Wärme. In diesem Zusammenhang ist eine Arbeit über die Berechnung spezifischer Wärmen für Uran und Plutonium bis zu 7,5 kK interessant.

Den auf den Gebieten Kernbrennstofforschung, Reaktortechnik und Hochtemperaturchemie in Forschung und Lehre tätigen Wissenschaftlern ist die Lektüre dieser Berichte zu empfehlen.

S. Niese

Lecture Notes in Chemistry, Vol. 13
Electronic States of Molecules and Atom Clusters — Foundations and Prospects of Semiemprical Methods

G. Del Re, G. Berthier, J. Serre. Berlin, Heidelberg, New York: Springer-Verlag 1980; VIII, 117 S., 3 Abb., 21 Tab.; Broschur laminiert DM 29,60

Band 13 der Reihe „Lecture Notes in Chemistry" stellt eine knappe, auf sehr hohem Niveau geschriebene Monographie über die gegenwärtig am weitesten verbreiteten Methoden der Quantentheorie des Moleküls dar. Sein wesentlicher Vorzug besteht in der Aktualität des behandelten Stoffes. Das Buch ist in fünf Hauptkapitel zu folgenden Problemkreisen gegliedert: Modelle und Begriffe der Molekültheorie, mathematische Grundlagen, Einelektronenverfahren, vereinfachte SCF-Verfahren sowie Basisprobleme. Anwendungsmöglichkeiten und Grenzen der einzelnen Modelle und Verfahren werden an konkreten Beispielen erläutert. Dem Leser werden dadurch viele Anregungen für die eigene Forschungsarbeit vermittelt. Abgerundet wird der Band durch ein sehr wertvolles Verzeichnis aller grundlegenden Arbeiten, die zwischen 1930 und 1980 zur quantenmechanischen Molekültheorie erschienen sind. Es ist aber bedauerlich, daß dem Werk nicht auch ein Register beigefügt wurde.

Das Buch ist für Leser bestimmt, die bereits gute Kenntnisse auf dem Gebiet der Quantenchemie besitzen. Seine Anschaffung kann allen Einrichtungen empfohlen werden, in denen zu diesen Problemen aktiv geforscht wird.

D. Pabst

Einführung in die Physik

R. Fleischmann; 2. überarb. Aufl., Weinheim: Physik-Verlag 1980; 682 S., 436 Abb., 60 Tab., Kunststoff DM 69,—

Eine neue oder neuaufgelegte „Einführung" in eine naturwissenschaftliche Disziplin nimmt man mit einer gewissen Erwartungshaltung zur Hand, um zu sehen, welchen Anteil an Wissen der Autor von der überwältigenden Flut an neuen Erkenntnissen und Ergebnissen als notwendig ansieht, welches Wissen er als verbindlich für eine heranwachsende Generation betrachtet. Eine Einführung in die Physik muß außerdem noch vielleicht bekanntes Schulwissen mit einschließen, um es in einem geschlossenen Rahmen eingebunden darzustellen oder zumindest zu erwähnen. So erwartet der Leser, über das Archimedische Prinzip des Auftriebs oder die Wirkungsweise optischer Instrumente genauso wie über die Gedankengänge *Rutherfords* über den Atomkern oder vielleicht über die Funktionsweise eines Riesen-Teilchenbeschleunigers etwas zu erfahren. Man könnte auch andere Querschnittsfragen an ein solches Buch stellen, denn es muß fast einen lexikalischen Charakter haben und sollte in der Beantwortung der Fragen eine möglichst gleiche Tiefe haben— neben der Breite.

Um es vorweg zu sagen: Dem Autor dieser Einführung ist eine sehr gute, moderne und in ihrer Darstellung sprachlich wie didaktisch ausgezeichnete Darstellung gelungen, die den annoncierten Aussagen voll entspricht. Im einzelnen folgendes: Die Kapitel Mechanik (148 S.), Schwingungen (56 S.), Wärme (59 S.), Elektrizität/Magnetismus (153 S.) und Optik (68 S.) stehen in einem ausgewogenen Verhältnis den Kapiteln Atomphysik (50 S.), Kernphysik (63 S.) und Elementarteilchenphysik (7. S.) gegenüber; wenn man so will: ungefähr 80% klassische Physik, 20% Atom- und Kernphysik, und wenn man weiter will; 42% Atomphysik, 52% Kernphysik und 6% Physik der Elementarteilchen. Vielleicht käme eine weitgefächerte Meinungsumfrage zu einer ähnlichen relativen Auf- und Einteilung der Physik von heute; auf jeden Fall ist an Hand dieser Verteilung nicht erkennbar, welches Kapitel der Physik der Autor besonders tief und breit behandelt wissen wollte — sei es aus Gründen der Sachkenntnis, weil er dieses Teilgebiet selbst bearbeitet, oder sei es, weil es für ihn ein bevorzugtes Gebiet ist, ein Steckenpferd.

Eine beiläufige Bemerkung sei aus der Sicht der Isotopenchemie bzw. Kernphysik erlaubt. Es ist nicht per definitionem so, daß Nuklide nur verschiedene Arten von Atomen seien und nicht von Atomkernen, wie auf Seite 505 deutlich gemacht werden soll — im Gegenteil: Nuklide sind Arten von Atomkernen, nämlich einer bestimmten Protonen- und Neutronenzahl. Es gibt ungefähr 300 solcher natürlich vorkommender Nuklide, die man bei gleicher Protonenzahl ungefähr 100 chemischen Elementen zuordnet mit dem „Familiennamen" des jeweiligen Elements. Nuklide eines Elements sind dann die Isotope. In dieser Gedankenkette setzt der Begriff der Isotope nur die gleiche Protonenzahl voraus und impliziert damit ein bestimmtes Verwandschafts- oder Bezugsverhältnis, nämlich dem gleichen Element, der gleichen Atomart anzugehören. So sollte konsequenterweise eigentlich von dem Wort „Isotope" kein Singular existieren, es ist ein Pluraletantum und selbst Formulierungen wie „ ... Isotope eines Elements . . ." sollten vermieden werden, es sind Pleonasmen; es gibt nur Nuklide eines Elements, die man eben Isotope nennt. Daß Isotope sich in ihren Eigenschaften nur gering voneinander unterscheiden, liegt an der Kleinheit der Quanteneffekte, die man im wesentlichen auf Masseneffekte zurückführen kann, aber diese geringen Unterschiede (Isotopieeffekte genannt) erlauben überhaupt erst eine Isotopentrennung, sei es chemischer Art (durch chemischen Austausch), sei es physikalisch-chemischer Art (durch Destillation, Diffusion u. a. m.). Ähnliches kann über die spektroskopischen Eigenschaften gesagt werden; die Unterschiede sind gering (hfs-Aufspaltung S. 522, Quantenzahl f), aber nachweisbar, und schließlich wurden die meisten stabilen Isotope in den späten 20er Jahren und frühen 30er Jahren spektroskopisch entdeckt. Ein relativ einfacher Zugang zu diesen Zusammenhängen kann erreicht werden, wenn an geeigneten Stellen der Begriff der Nullpunktsenergie eingeführt wird. Solche geeigneten Stellen wären: absoluter Nullpunkt (S. 247), *Heisenberg*sche Unschärferelation (S. 540), Bandenspektren (S. 519).

Das auch in seiner Ausstattung (Druckbild, Abbildungen) sehr gute Buch verspricht eine gute Verbreitung zu erfahren — es ist geeignet, Studenten der Naturwissenschaften und des Ingenieurswesens ohne Vorkenntnisse in die Physik einzuführen, dem Pädagogen und Hochschullehrer dient es als parater Überblick über die gesamte Physik.

H. Hübner

Semi-Markovsche Prozesse

V. Nollau. Berlin: Akademie-Verlag 1980 (WTB, Mathematik-Physik, Bd. 260) 162 S., 10 Abb., 5 Tab.; M 8,—

Stochastische Prozesse sind aus den Betrachtungen bestimmter Teilgebiete der Physik und Technik nicht wegzudenken. Die *Markov*schen Ketten im Rahmen der Behandlung stochastischer Prozesse setzen eine abhängige Zufallsgröße (die Zeit) mit ganzzahligen Werten voraus, die sich aus den vorhergehenden Zeitpunkten ergeben. Diese Eigenschaft ist naturgemäß nicht immer erfüllbar, und zwar immer dann nicht, wenn die veränderten Zustände zu zufälligen Zeitpunkten erfolgen. Damit verläßt man ein Postulat der *Markov*schen Ketten und kommt zu einer sinnvollen und bedeutenden Verallgemeinerung, eben den Halb-*Markov*schen, den semi-*Markov*schen Prozessen.

Der Autor des Taschenbuches gliedert das Thema in 7 Kapitel, die hauptsächlich Definitionen semi-*Markov*scher Prozesse, ihren Eigenschaften und ihrem Verhalten gewidmet sind. Ein Kapitel beschreibt Anwendungen der semi-*Markov*schen Prozesse, wobei zwei Beispiele behandelt werden, eines aus der Zuverlässigkeitstheorie von Geräten und das andere aus der Automatentheorie, genauer der stochastischen Automaten. Ein Literaturverzeichnis mit 37 Zitaten bietet dem Leser des Büchleins die Möglichkeit, sich weiter zu informieren. In einem Symbolverzeichnis werden neben den allgemeinen Symbolen (Faltung, *Kronecker*-Symbol, Matrix u. a. m.) noch 170 weitere Symbole aufgeführt und mit Seitenangaben zur näheren Definition versehen.

Im Vorwort kündigt der Autor an, daß sich das Büchlein sowohl an Mathematiker als auch an mathematisch interessierte Ingenieure und Naturwissenschaftler wendet, dabei würden nur Grundkenntnisse der Differential- und Integralrechnung und grundlegende Begriffe der Wahrscheinlichkeitsrechnung vorausgesetzt. Wie weit man diese Voraussetzungen auch im Einzelfall in Anspruch nehmen muß, das Taschenbuch sollte als eine in sich geschlossene Darstellung betrachtet werden, die es zu verarbeiten gilt, wenn man auf die dargelegten stochastischen Prozesse nicht verzichten kann; letzteres dürfte in zunehmendem Maße nicht mehr frei wählbar sein. Erneuerungstheorie Entscheidungstheorie, Strategien und Risiko schließen sich eng an semi-*Markov*sche Prozesse an. Somit kann dieses Büchlein jedem empfohlen werden, der mit diesen Fragen befaßt ist, wo auch immer sie auftreten mögen — in der Physik, Technik, Ökonomie oder anderen Wissenszweigen, die durch stochastische Prozesse beschrieben werden können.

H. Hübner

Agrochemical Residue-Biota Interactions in Soil and Aquatic Ecosystems

Vienna: IAEA 1980; Panel Proc. Series — STI/PUB/548; 305 S., 77 Abb., 79 Tab., ÖS 440,—

Vom 28. 8.—2. 9. 1978 fand in Wien eine Expertenberatung statt, auf der Wechselwirkungen von Agrochemikalien mit den Biomen der aquatischen und terrestrischen Ökosysteme behandelt wurden. An der Beratung nahmen 35 Wissenschaftler teil, einschließlich der 7 Wissenschaftler von Seiten der Organisationen und gleichzeitig Organisatoren der Tagung, FAO und IAEA. Es wurden 21 Vorträge gehalten und ein Bericht über das laufende Forschungsprogramm gegeben.

Neben dem hohen Einsatz an Düngemitteln, insbesondere an N-Düngemitteln in der modernen Landwirtschaft, der unter bestimmten Bedingungen zu einer ständig ansteigenden Nitratbelastung des Grundwassers führen kann, werden in gleich zunehmendem Maße die vielseitigsten Agrochemikalien angewendet. Hauptsächlich dieser Anteil und dieser Einfluß auf die Ökosysteme werden in Einzelbeiträgen unter Anwendung der Isotopentechnik behandelt. Neben den bereits vielfältig eingeführten Anwendungen von ^{14}C- und ^{15}N-Tracern auf diesem Gebiet werden auch neue Methoden vorgestellt, beispielsweise der Einsatz von ^{13}N zur Untersuchung von N-Umwandlungen in einem See. Die Denitrifizierungsraten können mit Hilfe dieser Methode im Vergleich zu anderen Methoden sehr schnell ermittelt werden, wenn auch eine Einschränkung in Kauf genommen werden muß, nämlich keine Freilandversuche ausführen zu können, sondern nur entsprechend repräsentative Laborversuche. In einer anderen Arbeit konnte gezeigt werden, wie unmittelbar nach einer Bewässerung die Denitrifikation unter Bildung von N_2 und N_2O einsetzt, dabei wurde $K^{15}NO_3$ mit 60 Atom-% angewendet. Zur Ermittlung von Organophosphor- und Carbonat-Rückständen wurde ein radiometrisch-enzymatisches Verfahren angewendet, das auf die Bestimmung von Cholinesterase hinausläuft, der ein ^{3}H-markiertes Acetylcholin als Substrat angeboten wird; bei der Esterase-Reaktion wird Essigsäure frei, die in wäßriger Phase auf ihren Tritiumgehalt mit einem Tri-Carb-Gerät untersucht wird. In drei weiteren Vorträgen wird über Agrochemikalien beim Reisanbau berichtet; wenn man so will, ein besonderes terrestrisches Ökosystem mit aquatischen Elementen während der Bewässerung von Reisfeldern.

In traditionell bewährter Weise liegt wieder ein Sammelband der IAEA vor, der in landwirtschaftlichen Instituten und in Forschungsinstituten, die Umweltfragen zu bearbeiten haben, vorhanden sein sollte. Daß eine Einrichtung der Isotopenforschung vieles aus dem engen Beziehungsverhältnis von Problem und Methode dem Band entnehmen kann, ist ein zusätzlicher Nutzen.

H. Hübner

Jahrbuch der Atomwirtschaft 1981

12. Jahrestag; Handelsblatt GmbH, Verlag für Wirtschaftsinformationen, Düsseldorf-Frankfurt 1981; 451 S.; DM 52,—

Das Jahrbuch gliedert sich in 3 Hauptabschnitte: Perspektiven (104 S.), Informationen (248 S.) und Daten (99 S.). Dazu kommen Sach- und Namenregister, Inserentenverzeichnis und ein Anzeigen-Sachregister-Index. Die vielen Informationen, es sind über 1000, umfassen die Bereiche Reaktortechnik, einschließlich Meß- und Regelungstechnik, Werkstoffe, Kernbrennstoffe und deren Kreislauf in Wiederaufbereitungsanlagen, Wirtschaftlichkeitsfragen, Fragen der Sicherheit, des Strahlenschutzes und der Umwelt. Diese Informationen sind außerdem auf die einzelnen Länder (insgesamt 55) jeweils aufgegliedert, so daß sehr schnell ein Überblick zu bestimmten Fragen erzielt werden kann; Europa und die Welt werden außerdem in entsprechender Weise zusammengefaßt.

Besonders erwähnenswert ist die 80 Seiten umfassende Sammlung an Daten, in übersichtlicher Form dargestellt, teils als Tabellen, teils als Diagramme. Dabei werden Daten der vergangenen Jahre einerseits und entsprechend den prognostizierten Szenarien künftige Daten mitgeteilt, alles mit der Aktualität von 1980.

Die in dem Jahrbuch mitgeteilten Informationen sind der Zeitschrift „Atomwirtschaft—Atomtechnik" 1980 entnommen und in der aufgezeigten Weise geordnet. Damit liegt ein aktuelles Nachschlagewerk vor, das einen weitreichenden Nutzerkreis anspricht: Kernenergetiker, Kerntechniker, Sicherheitsbeauftragte von Kernanlagen, aber auch Administrationen der Wirtschaft, der Energie und des nationalen und internationalen Rechtes. Es sollte in Institutionen, die mit solchen Problemen befaßt sind, griffbereit zur Verfügung stehen.

H. Hübner

heating parameters are changeable over a wide range enabling it to be used in TL research as well in routine measurements.

D. Kloetzer

Radioactive Intermediate Products in the Photolysis of the System [1-^{14}C] Tributyltinoxid/Cellulose

Isotopenpraxis 18 (1982) No. 3, p. 102 to 104
1 Fig., – Tab., 12 Ref.

This paper deals with interactions between matrix and biocid applicated on the matrix in the photochemical degradation of the system [1-^{14}C] tributyltinoxide/cellulose. The intermediate formation of [1-^{14}C] tributylstannyl-cellulose-ethers was noticed. The photochemical preparation of bis [8-^{14}C] tributylstannyl-glucose-ether is described.

H. Peschke

Directive ^{15}N Saturation of Organic Fertilizer for Experimental Purposes
Part II: Production of Liquid Manure Labelled ^{15}N

Isotopenpraxis 18 (1982) No. 3, p. 104 to 106
5 Fig., 3 Tab., 9 Ref.

Application of fodder labelled ^{15}N with an average excess of 15·26 atom % to a lactating cow in two portions a day yielded maximum values of ^{15}N excess of 5·31 atom % in urine, and of 7·36 atom % in excrement. The main portion of ^{15}N is excreted from the 2nd to the 4th day. Three versions of liquid manure production are discussed, and several models of liquid manure with different parameters are presented and conclusions are made with regard to the production and the application of ^{15}N liquid manure.

N. Stollárová, Ľ. Mráz

Distribution of ^{131}I in Individual Organs of Mice after Continuous Exposition to Ionizing Radiation of 0·21 C/kg

Isotopenpraxis 18 (1982) No. 3, p. 107 to 109
5 Fig., – Tab., 13 Ref.

In this work, the distribution of ^{131}I in individual organs of mice after foregoing continuous exposition to ionizing radiation of 0·21 C/kg have been compared to the distribution of ^{131}I in non-exposed animals at intervals from 0·5 to 24 h. In exposed animals the changes in radioiodine distribution are affected by the disturbance of the bond to blood cells and macromolecular components in blood, as well as by increased permeability. The pattern of the distribution of ^{131}I in individual organs is due to the damage measure and the grade of casual repair mainly going on in thymus and spleen.
The decreased radioiodine level in other organs is mainly caused by the decreased level of this element in blood.

Letters to the Editor

U. Dinjus, E. Uhlig, J. Beger, G. Wagner

2-(Thiazol-4-yl)-phenols as Copper Extracting Agents

Isotopenpraxis 18 (1982) No. 3, p. 110 to 111
2 Fig., 1 Tab., 5 Ref.

From Practice

A. K. Kruglov

Nuclear Science and Techniques for the National Economy of the Country (*form Russian*)

Isotopenpraxis 18 (1982) No. 3, p. 111 to 113
– Fig., 2 Tab., 1 Ref.

Information

Isotopenpraxis 18 (1982) No. 3, p. 113 to 116

New Books

Isotopenpraxis 18 (1982) No. 3, p. 116 to 120

исследовать множество термолюминесцентных материалов с высокой точностью. Высокая чувствительность дозиметра обеспечивает его пригодность в частности для контроля окружающей среды и человека. Его параметры нагревания можно менять через большой диапазон, тем самым он может использоваться как для исследовательских работ в области термолюминесценции, а также для текущих измерений.

Д. Клетцер

Радиоактивные промежуточные продукты при фотолизе системы [1-^{14}C] трибутилокись олова/целлюлоза

Isotopenpraxis 18 (1982) вып. 3, стр. 102 до 104
1 рис., – табл., 12 лит.

Важным шагом взаимодействия между матрицей и там пропитанным биоцидом при фотохимической деструкции системы [1-^{14}C] трибутилокись олова/целлюлоза является образование [1-^{14}C] трибутилстаннилцеллюлозных эфиров. Описывается фотохимическое препарирование бис {[1-^{14}C] трибутилстаннил} глюкозного эфира.

Х. Пешке

Направленное обогащение по ^{15}N органического одобрения для опытных целей
2-ое сообщение: Получение меченой ^{15}N навозной жижи

Isotopenpraxis 18 (1982) вып. 3, стр. 104 до 106
5 рис., 3 табл., 9 лит.

Путем подачи меченого ^{15}N корма со средним излишком в 15,26 атомных % дойной корове в виде двух порций в день достигаются максимальные величины излишек ^{15}N в 5,31 в мочевине, и в 7,36 атомных % в кале. Основная масса ^{15}N выделяется в периоде от 2-го до 4-го дня эксперимента. Обсуждаются три варианта обработки навозной жижи и представляются некоторые модели жижи с различными параметрами. Выводы делаются в отношении получения и применения обогащенной ^{15}N жижи.

Н. Столларова, Л. Мраз

Распределение ^{131}I в отдельных органах мышей после постоянной экспозиции ионизирующему излучению 0,21 *С/кг*

Isotopenpraxis 18 (1982) вып. 3, стр. 107 до 109
5 рис., – табл., 13 лит.

В работе сравнивается распределение ^{131}J в отдельных органах мышей, постоянно облученных дозой 0,21 *С/кг*, с распределением ^{131}J у необлученных животных в интервале от 0,5 до 24 часа.
Изменения в распределении радиойода у облученных группах животных находились под влиянием нарушения связи кровяных шариков с макромолекулярными компонентами крови, а также повышенной проницаемости.
Распределение ^{131}J в отдельных органах является результатом меры повреждения и степени случайной репарации, что появляется главным образом в тимусе и селезенке. Понижение уровня радиойода в остальных органах вызвано прежде всего понижением уровня этого элемента в крови.

Письма в редакцию

У. Диньюс, Э. Улиг, И. Бегер, Г. Вагнер

2-(тиазол-4-ил)-фенолы в качестве агентов для экстракции меди

Isotopenpraxis 18 (1982) вып. 3, стр. 110 до 111
2 рис., 1 табл., 5 лит.

Из практики

А. К. Круглов

Атомная наука и техника — народному хозяйству страны (*из русск. языка*)

Isotopenpraxis 18 (1982) вып. 3, стр. 111 до 113
– рис., 2 табл., 1 лит.

Новости

Isotopenpraxis 18 (1982) вып. 3, стр. 113 до 116

Новая Литература

Isotopenpraxis 18 (1982) вып. 3, стр. 116 до 120

Contents of this Issue

MIX
Papier | Fördert gute Waldnutzung
FSC® C083411

Zeitfracht Medien GmbH
Ferdinand-Jühlke-Straße 7
99095 Erfurt, Deutschland
produktsicherheit@kolibri360.de